Alexander von Weiss

Die Feldgrößen der Elektrodynamik

Definition, Deutung und Normung der elektromagnetischen Feldgrößen

VDE-VERLAG GmbH
Berlin und Offenbach

Redaktion: Dipl.-Ing. Roland Werner

CIP-Kurztitelaufnahme der Deutschen Bibliothek

Weiss, Alexander von:
Die Feldgrößen der Elektrodynamik : Definition,
Deutung u. Normung d. elektromagnet. Feldgrößen /
Alexander von Weiss. – Berlin ; Offenbach :
VDE-VERLAG, 1984.
ISBN 3-8007-1346-2

ISBN 3-8007-1346-2

Druck: Mercedes-Druck, Berlin

8402

Vorwort

Diese kleine Schrift ist eine völlig umgearbeitete und gekürzte Neuauflage meines vor 20 Jahren beim Verlag R. Oldenbourg in München erschienenen Büchleins „Die elektromagnetischen Feldgrößen“. Es handelt sich um einen Versuch, die Feldgrößen der klassischen Elektrodynamik begrifflich widerspruchsfrei und eindeutig abzuleiten und physikalisch zu deuten. Angesprochen werden der **theoretisch interessierte Elektrotechniker und Physiker,** das **Normungswesen** sowie vor allem **Studenten der Physik und der Elektrotechnik in den höheren Semestern,** die jede Anleitung zum eigenen kritischen Nachdenken ebenso begrüßen, wie Hinweise für ein tieferes Verständnis des physikalischen Geschehens.

Nach einer Analyse des beobachtbaren elektromagnetischen Naturgeschehens werden dessen Einzelmerkmale als physikalische Größen gekennzeichnet und benannt. Anschließend wird die Gesetzmäßigkeit ihres Zusammenwirkens erfaßt, was erst in einer vierdimensionalen Darstellung voll zum Tragen kommt. Die physikalische Deutung der Feldgrößen erfolgt vordergründig im Sinne der Maxwellschen Gedankengänge. Dabei zeigt sich, daß die Feldgleichungen nur in dieser Darstellung unabhängig von jeder Metrik in affininvarianter Form angegeben werden können.

Hatte Maxwell das Interesse von den Ladungen zu den „Faradayschen Kraftlinien“ gelenkt, so richteten die großen Erfolge der Lorentzschen Elektronentheorie die Blicke wieder zurück auf die Quellen dieser Kraftlinien, auf die Elektronen und Ionen. Das führte dazu, die Feldtheorie auch auf mikroskopische Bereiche auszuweiten und die Feldgleichungen auch aus atomistischer Sicht nach dem Konzept der Ampèreschen Hypothese zu betrachten und zu deuten. Man erhält auf diese Weise einfache und anschauliche Modellbilder. Nur bleibt der Gültigkeitsbereich der Feldgleichungen dieser sogenannten „Elementarstromtheorie“ auf die notwendige und vorgegebene dreidimensionale Metrik begrenzt. Dasselbe gilt auch für ihre Deutung im Sinne einer „Theorie elektrischer und magnetischer Mengen“, der sogenannten „Mengentheorie“. In beiden Fällen sind die Feldgleichungen nicht affininvariant und daher nur über zusätzliche vierdimensionale Dualübergänge in die Raum-Zeit-Welt übertragbar, die in die HF-Technik eigentlich bereits längst eingezogen ist.

Ihrem Ursprung nach entstammen die Feldgrößen dem linearen Makrokosmos, was jedoch die Möglichkeit ihrer Übertragung auch auf nichtlineare Bereiche ebenso zuläßt, wie eine atomistische Deutung. Die Betrachtungen dieser Schrift beschränken sich daher auf lineare Bereiche, das ist im Idealfall der materiefreie Raum. Besonders leistungsfähig erwies sich dabei die Anwendung der äußeren Differentiation, durch die der Vektorgrad der Feldgrößen

und ihre gegenseitige Zuordnung klar zu Tage tritt. Dieser bei Elektrotechnikern und Physikern immer noch wenig oder gar nicht bekannte äußere Kalkül fand erst in den letzten Jahren zunehmend Eingang in das Schrifttum der Theoretischen Elektrotechnik*); er wird in der vorliegenden Schrift vor allem zur Ableitung der vierdimensionalen Feldtensoren angewendet. Einige mathematische Grundlagen findet der Leser im Anhang.
Breiter Raum wurde dem Nachweis der Notwendigkeit von drei Feldkonstanten gewidmet. Dem praktisch rechnenden Elektroingenieur erscheint zwar eine dritte Feldkonstante als unnötige zusätzliche Belastung, so daß er weiterhin das Verersystem mit seinen genormten SI-Einheiten verwenden wird; für eine eindeutige und physikalisch saubere Darstellung sowie für eine klare physikalische Deutung der Feldgrößen bleibt diese dritte Feldkonstante jedoch unentbehrlich. Zudem erlaubt erst ihre Einführung eine widerspruchsfreie Einteilung der Feldgrößen in Intensitäts- und Quantitätsgrößen, wie sie in dieser Schrift konsequent durchgeführt wird. Die bereits im Schrifttum bis zum Überdruß behandelte Dimensions- und Einheitenfrage bleibt zunächst unberührt und wird erst am Schluß gestreift. Gedanken zur Normung der Feldgrößen der Elektrodynamik beschließen die Betrachtungen.
Eine Zusammenstellung des verwendeten Schrifttums, nach Verfassern in alphabetischer Reihenfolge geordnet, befindet sich am Ende des Buches. Die im Text in eckigen Klammern angegebenen Schrifttumsnummern beziehen sich auf dieses Schrifttumsverzeichnis.

Zahlreiche Diskussionen mit Fachkollegen und Interessenten waren mir eine wertvolle Hilfe und gaben mir manche Anregung, für die ich herzlich danke. Mein besonderer Dank gilt dem VDE-VERLAG für die stets sehr angenehme Zusammenarbeit und das bereitwillige Eingehen auf meine Wünsche.

Nürnberg, Januar 1984 A. von Weiss

*) Siehe Schrifttum [2, 18, 25, 30]

Inhalt

Vorwort

1 Zum Begriff der physikalischen Größe 7
1.1 Physikalische Größen 7
1.2 Zur Gleichheit physikalischer Größen 9
1.3 Definitionen und Erfahrungssätze 10
1.4 Feld- und Integralgrößen, Quantitäts- und Intensitätsgrößen 12

2 Die Größen des elektrischen Feldes 15
2.1 Ableitung der elektrischen Feldgrößen 15
2.2 Verknüpfung der elektrischen Feldgrößen 19
2.3 Deutung und kritische Betrachtung der Ergebnisse 22

3 Die Größen des magnetischen Feldes 25
3.1 Übliche Ableitungen magnetischer Größen und Folgerung 25
3.2 Ableitung der magnetischen Feldgrößen 31
3.3 Verknüpfung der magnetischen Feldgrößen 33
3.4. Deutung und kritische Betrachtung der Ergebnisse 36

4 Die Verkettung der elektrischen und magnetischen Felder 39
4.1 Die Maxwellschen Feldgleichungen 39
4.2 Elementarstromtheorie und Mengentheorie 47
4.3 Die Feldkonstanten 49

5 Die Minkowskische Raum-Zeit-Welt 55
5.1 Vierdimensionale Koordinaten 55
5.2 Die Feldgleichungen in vierdimensionaler Form 57

6 Abschließende Betrachtungen 65
6.1 Dimensions- und Einheitenbetrachtung 65
6.2 Zur Normung der Feldgrößen 71

Anhang 75
Grundbegriffe der äußeren Algebra 75

Schrifttum 81

Stichwortverzeichnis 83

1 Zum Begriff der physikalischen Größe

Es wird gezeigt, wie man zur Beschreibung des Naturgeschehens zum Begriff der physikalischen Größe kommt. Unter Hinweis auf die Gleichheitsaxiome der Mathematik wird dann die Verknüpfung physikalischer Größen zu mathematischen Gleichungen betrachtet und der Unterschied zwischen Erfahrungssatz und Definition klargestellt. Die Begriffe Feldgröße und Integralgröße werden erläutert und Kriterien zur Einteilung in Quantitäts- und Intensitätsgrößen angegeben.

1.1 Physikalische Größen

Das physikalische Geschehen, das man beobachten kann, spielt sich ab als ein Zusammenwirken von Einzeleigenschaften, also Einzelmerkmalen. Man muß sich daher zunächst Benennungen und Symbole für die verschiedenen beobachtbaren Einzelmerkmale schaffen. Ein solches Einzelmerkmal ist z.B. die Ausdehnung in einer bestimmten Richtung, die man als Länge bezeichnet und mit dem Symbol l kennzeichnet. Um über solche Einzelmerkmale auch quantitative Aussagen machen zu können, müssen diese Einzelmerkmale direkt oder indirekt meßbar sein. Solche Einzelmerkmale des Naturgeschehens bezeichnet man als *physikalische Größen*. Sie sind somit Kennzeichen physikalischer Erscheinungen, nicht diese selbst, und zwar Kennzeichen, die quantitativ direkt oder indirekt meßbare Einzelmerkmale oder Einzeleigenschaften darstellen.

Alle physikalischen Erscheinungen, die man beobachtet, bedeuten das Zusammenwirken von Einzelmerkmalen. Dabei ist es wichtig zu beachten, daß physikalische Erscheinungen, die nur in einzelnen oder auch in mehreren Einzelmerkmalen übereinstimmen, es nicht in allen Einzelmerkmalen zu tun brauchen.

Hat man Benennungen und Symbole für bestimmte Einzelmerkmale des Naturgeschehens eingeführt, so kann man versuchen, durch Naturbeobachtung deren Zusammenwirken zu ermitteln und zu beschreiben. Aus einer solchen Naturbeobachtung erhält man dann Erfahrungssätze, die das Naturgeschehen in Form von Naturgesetzen beschreiben. Solche Erfahrungssätze beschreiben die beobachtbaren Gesetzmäßigkeiten im Zusammenwirken von bereits erkannten und benannten Einzelmerkmalen, beschreiben also eine funktionelle Abhängigkeit zwischen physikalischen Größen; das führt zur Gewinnung weiterer physikalischer Größen als Definitionen oder als Proportionalitätsfaktoren.

Definitionen gewinnt man dadurch, daß man eine Kombination aus bereits erkannten und benannten Einzelmerkmalen zu einer neuen physikalischen

Größe etwa aus Zweckmäßigkeitsgründen zusammenfaßt. Sind dabei A, B, C... solche bereits bekannte, definierte oder als definiert geltende Größen, so erhält man eine echte Definition, indem man eine neue Größe etwa durch das Potenzprodukt

$$G = A^m \cdot B^n \cdot C^p \ldots \tag{1.1}$$

einführt. Wesentlich ist dabei, daß die Größe G der linken Seite noch unbekannt war und durch die bekannten Größen der rechten Seite festgelegt, d.h. definiert wird. So kann man etwa aus den Größen Länge (Weg) s, Zeit t und Masse m die weiteren physikalischen Größen Geschwindigkeit v, Beschleunigung a und Kraft F als

$$v = \frac{\mathrm{d}s}{\mathrm{d}t}; \qquad a = \frac{\mathrm{d}v}{\mathrm{d}t} = \frac{\mathrm{d}^2 s}{\mathrm{d}t^2}; \qquad F = ma = m\frac{\mathrm{d}^2 s}{\mathrm{d}t^2}$$

durch Definitionen erhalten. Auf diese Weise können grundsätzlich beliebig viele neue physikalische Größen gewonnen werden.

Anders liegen die Verhältnisse bei einem Erfahrungssatz (Naturgesetz), also bei funktionellen Zusammenhängen zwischen physikalischen Größen, gewonnen aus der Beobachtung der Naturerscheinungen. Erfahrungssätze beschreiben die beobachtbaren Gesetzmäßigkeiten des Zusammenwirkens von Einzelmerkmalen in der Natur. Dabei kann selbstverständlich nur das Zusammenwirken bereits *erkannter,* also definierter Einzelmerkmale beobachtet werden. Ein Erfahrungssatz kann dabei aussagen, daß eine bekannte Größe x sich z.B. nur proportional dem Produkt aus einer anderen bekannten Größe y und dem Quadrat z^2 einer weiteren bekannten Größe z ändert. Das vollständige Ergebnis der Naturbeobachtung lautet dann:

$$x \sim yz^2. \tag{1.2}$$

Ein solcher echter Erfahrungssatz ergibt noch keine Aussage über eine Gleichheit und damit über die Verwendung eines Gleichheitszeichens. Soll in Gl. (1.2) ein Gleichheitszeichen eingeführt werden, so erfordert das einen Proportionalitätsfaktor. Bei einem funktionellen Zusammenhang zwischen bereits bekannten Einzelmerkmalen (Größen), gegeben durch ein Potenzprodukt, lautet dann ein Erfahrungssatz

$$G = k \cdot A^m \cdot B^n \cdot C^p \ldots \tag{1.3}$$

Darin ist k ein willkürlich festzulegender Proportionalitätsfaktor. Im Gegensatz zu Gl. (1.1) ist die Größe G nun ebenso bekannt und bereits definiert wie alle übrigen Größen der rechten Seite. Ein solcher Proportionalitätsfaktor ist selbst eine physikalische Größe; seine Notwendigkeit bei der Verwendung eines Gleichheitszeichens in einem Erfahrungssatz wurde bereits von verschiedenen Autoren gefordert [3, 20]. *J. Fischer* [3] bezeichnet diese Forderung als ersten Grundsatz der Größenlehre.

Wie erkannt, können physikalische Größen gewonnen werden:

1. Als aus der Naturbeobachtung direkt entnommene Einzelmerkmale. Solche physikalische Größen heißen unabhängige Grundgrößen oder Grundgrößenarten (Basisgrößen). Ihre erforderliche Mindestanzahl ist insbesondere zur Beschreibung der Elektrodynamik noch umstritten.
2. Durch Definitionen, d.h. durch Ableitung aus Basisgrößen. Sie beschreiben ebenfalls Einzelmerkmale des Naturgeschehens.
3. Als Proportionalitätsfaktoren in Erfahrungssätzen, gewonnen aus der Naturbeobachtung.

Mit Hilfe so gewonnener physikalischer Größen kann man das Zusammenwirken von Einzelmerkmalen des Naturgeschehens beobachten und zu beschreiben versuchen sowie dessen Gesetzmäßigkeiten zu ermitteln beginnen. Als Hilfsmittel dient dabei die Mathematik mit ihren Regeln.

1.2 Zur Gleichheit physikalischer Größen

In der Mathematik ist der Begriff der Gleichheit genau definiert. Stets gilt:

$a = a$,

aus $a = b$ folgt $b = a$,

aus $a = b$ und $b = c$ folgt $a = c$.

Somit ist nur das gleich, was *ohne Zusatzbedingung* wechselseitig ersetzbar ist. Da sich die Physik der Mathematik gleichsam als Sprache bedient, sollten daher auch zwei physikalische Größen oder zwei funktionelle Zusammenhänge zwischen physikalischen Größen dann und nur dann einander gleichgesetzt werden dürfen, wenn die drei Gleichheitsaxiome der Mathematik dabei erfüllt sind. Diese Forderung erscheint zunächst als selbstverständlich, denn wenn man sich einer Sprache bedient, muß man auch deren Sprachregeln beachten, sofern man nicht mißverstanden werden will.
Ob allerdings zwei durch ein Gleichheitszeichen miteinander verknüpfte physikalische Größen uneingeschränkt einander ersetzen können, ist jedoch nicht immer eindeutig entscheidbar. Eine solche Entscheidung muß in jedem Fall begründet werden, denn eine Gleichheit physikalischer Größen kann auch nur unter bestimmten Voraussetzungen gelten. So ist beispielsweise die Feldstärke $\boldsymbol{E}$ nur im wirbelfreien Feld gleich dem negativen Gradienten eines skalaren Potentials φ; im Wirbelfeld kann ein solches Potential gar nicht eindeutig definiert werden.
Schließlich ist zu berücksichtigen, daß die Regeln und Gesetze der Mathematik nicht nur für das Operieren mit physikalischen Größen gelten, sondern z.B. auch für Zahlen. So ist nur der Logarithmus einer Zahl, aber nicht der Logarithmus einer physikalischen Größe definiert. Unter Umständen ist eine Umformung eines gewonnenen mathematischen Ausdrucks erforderlich, indem man nicht etwa die logarithmische Differenz zweier gleichartiger Größen, sondern den Logarithmus des Quotienten aus beiden, also einer Zahl, bildet.

Hierzu ein Beispiel: Gegeben ein Ausschnitt der Länge l mit der Ladung Q einer unendlich langen Linienladung im sonst ladungsfreien Raum. Das Potential im radialen Abstand r von dieser Linienladung ist dann

$$\varphi = \frac{Q}{2\pi\varepsilon l} \ln r + k, \tag{1.4}$$

mit k als Integrationskonstante, über die frei verfügt werden kann. Da $\ln r$ als Logarithmus einer Strecke physikalisch sinnlos ist, kann man die Konstante k so wählen, daß:

$$\varphi = \frac{Q}{2\pi\varepsilon l} \ln \frac{r}{r_0}. \tag{1.5}$$

Das Ergebnis, Gl. (1.4) und die auch physikalisch sinnvolle Form Gl. (1.5), lassen sich leicht interpretieren, wenn man beachtet, daß Gl. (1.4) eine unendlich lange Linienladung voraussetzt, d.h. Vernachlässigung des Einflusses der Linienenden. Streng läßt sich eine solche Linienladung nicht realisieren. Praktisch kann man aber einen geraden und geladenen Einzelleiter sehr großer Länge im sonst ladungsfreien Raum durch eine solche Linienladung annähern. Da die Leiteroberfläche eines solchen Leiters eine Äquipotentialfläche bildet (Randbedingung des elektrostatischen Feldes), kann bei nach Unendlich gehender Leiterlänge auch das Potential im Unendlichen nicht verschwinden. Unendlich im Sinne der Funktionentheorie ist aber der „unendlich ferne Punkt", d.h., das unendlich ferne Gebiet der Ebene wird zu einem Punkt. Das Potential kann somit auch nicht auf den unendlich fernen Punkt bezogen werden, dagegen nach Gl. (1.5) auf die Leiteroberfläche.

1.3 Definitionen und Erfahrungssätze

Wie in Kapitel 1.1 gezeigt wurde, können Funktionen zwischen physikalischen Größen grundsätzlich gewonnen werden:
1. als Definitionen,
2. als Naturgesetze in Form von Erfahrungssätzen.

Definitionen im hier verwendeten Sinn sind Abkürzungen; sie erfüllen somit notwendig die Gleichheitsaxiome der Mathematik, da bei ihnen lediglich ein aus mehreren Größen zusammengesetzter Ausdruck durch ein einziges Symbol als neue Größe *ersetzt* wird.

Anders liegen dagegen die Verhältnisse bei einem Naturgesetz, also bei funktionellen Zusammenhängen zwischen physikalischen Größen, gewonnen aus der Beobachtung der Naturerscheinungen. Wie bereits erkannt, gilt dabei:

1. Eine aus der Beobachtung der Naturvorgänge gewonnene Gesetzmäßigkeit im Zusammenwirken einzelner physikalischer Größen, d.h. ein Naturgesetz (Erfahrungssatz), kann nur zwischen bereits bekannten, also eindeutig definierten physikalischen Größen angegeben werden, da nur bereits erkannte meßbare Einzelmerkmale als physikalische Größen quantitativ beobachtet werden können.

2. Verwendung eines Gleichheitszeichens in einem Erfahrungssatz erfordert notwendig einen dimensionsbehafteten Proportionalitätsfaktor.

Nun ist es aber noch nicht ausreichend, die Notwendigkeit eines solchen Proportionalitätsfaktors erkannt zu haben, solange man ihn nicht auch eindeutig definiert. Gerade darüber, ob in einem funktionellen Zusammenhang zwischen physikalischen Größen eine der Größen als Proportionalitätsfaktor angesehen werden muß oder nicht, bzw. ob noch ein zusätzlicher Proportionalitätsfaktor erforderlich ist, besteht nämlich immer noch Uneinigkeit. Schreibt man etwa Gl. (1.3) in der Form

$$k = G \cdot A^{-m} \cdot B^{-n} \cdot C^{-p} \ldots,$$

so kann man diese Beziehung auch als Definitionsgleichung für die noch unbekannte Größe k auffassen. Hierzu ein Beispiel: $\boldsymbol{E} = \boldsymbol{F}/Q$ wird einmal als Definitionsgleichung für die elektrische Feldstärke $\boldsymbol{E}$ angegeben [24, 30], andererseits aber in der Form $\boldsymbol{F} = \boldsymbol{E} \cdot Q$ als „Erfahrungssatz" zur Bestimmung des Proportionalitätsfaktors $\boldsymbol{E}$ bezeichnet [3]. Somit muß noch eindeutig festgelegt werden, was überhaupt unter einem Proportionalitätsfaktor in einem Naturgesetz verstanden werden soll. Sonst wird weiterhin eine Definition zum Erfahrungssatz gemacht und umgekehrt, wie das obige Beispiel zeigt, und das, obgleich fast alle Autoren ausdrücklich davor warnen. So soll im folgenden unter einem Proportionalitätsfaktor in einem Erfahrungssatz ein Faktor (Naturkonstante) verstanden werden, der die Aufgabe hat, die Verwendung eines Gleichheitszeichens zu ermöglichen; er dient somit zur Erfüllung der Gleichheitsaxiome der Mathematik und als physikalische Größe nur zur *Vervollständigung* der Beschreibung des Naturgeschehens. Beispielsweise ist nach dem Coulombschen Gesetz der Elektrostatik im materiefreien Raum

$$F \sim \frac{Q_1 Q_2}{r^2}$$

der *erschöpfende* experimentelle Befund. Bei Verwendung eines Gleichheitszeichens muß es daher heißen:

$$F = k \frac{Q_1 Q_2}{r^2}.$$

Im Proportionalitätsfaktor

$$k = \frac{1}{4\pi\varepsilon_0}$$

ist die elektrische Feldkonstante ε_0 eine von F, Q_1, Q_2 und r unabhängige Naturkonstante, die lediglich zur Vervollständigung der Beschreibung des Naturgeschehens dient, indem sie die Verwendung eines Gleichheitszeichens ermöglicht. Der Faktor 4π ist nur durch die rationelle Schreibweise bedingt. Das Coulombsche Gesetz kann demnach auch als Erfahrungssatz abgeleitet werden. Ebenso sind

$$\boldsymbol{D} = \varepsilon_0 \varepsilon_r \boldsymbol{E}; \qquad \boldsymbol{B} = \mu_0 \mu_r \boldsymbol{H}$$

Erfahrungssätze mit ε_0 und μ_0 als Proportionalitätsfaktoren. Sowohl ε_0 als auch μ_0 sind von allen in beiden Beziehungen vorkommenden Größen unabhängig und damit „echte“ Naturkonstanten. Im Kraftgesetz $\boldsymbol{F} = \boldsymbol{E} \cdot Q$ ist dagegen $\boldsymbol{E}$ kein Proportionalitätsfaktor, sondern eine vektorielle Ortsfunktion $\boldsymbol{E}(x)$. Der vollständige experimentelle Befund lautet nämlich

$$\boldsymbol{F} \sim Q \cdot \boldsymbol{E}(x),$$

mit $\boldsymbol{E}(x)$ als einer für das elektrische Feld charakteristischen, noch unbekannten Größe. Bei gegebener Ladung Q ist $\boldsymbol{E}$ proportional der auf den Ladungsträger ausgeübten Kraft $\boldsymbol{F}$ und im allgemeinen von Ort zu Ort nach Betrag und Richtung verschieden. Das Kraftgesetz $\boldsymbol{F} = \boldsymbol{E} \cdot Q$ ist demnach auch kein Erfahrungssatz (Naturgesetz) im obigen Sinn, sondern die Definitionsgleichung für die elektrische Feldstärke. Diese Definition wurde gewonnen auf Grund der Naturbeobachtung, wonach auf einen in das elektrische Feld gebrachten Ladungsträger eine Kraft ausgeübt wird. Als Maß für die Stärke eines elektrischen Feldes definiert man daher als elektrische Feldstärke (Kapitel 2.1) $\boldsymbol{E} = \boldsymbol{F}/Q$. Für einen Proportionalitätsfaktor muß dagegen gelten:

In einer durch Naturbeobachtung als erschöpfenden experimentellen Befund gewonnenen Funktionsabhängigkeit zwischen verschiedenen physikalischen Größen muß ein Proportionalitätsfaktor notwendig von ***allen*** *vorkommenden Größen der rechten und linken Seite unabhängig sein.*

Nur auf diese Weise ist überhaupt eine Unterscheidung zwischen einer Definition und einem Erfahrungssatz möglich.

1.4 Feld- und Integralgrößen, Quantitäts- und Intensitätsgrößen

Feldgrößen dienen als physikalische Größen zur Beschreibung des als Feld bezeichneten Zustandes eines Raumes, gekennzeichnet durch das Auftreten von Feldkräften. Um ein elektromagnetisches Feld handelt es sich, wenn es durch elektrische und magnetische Feldgrößen beschrieben wird. Man spricht dann auch von elektromagnetischen Feldgrößen.
Elektromagnetische Feldgrößen sind skalare oder vektorielle Ortsfunktionen; sie sind im allgemeinen jeweils einem Raumpunkt zugeordnet und können daher nur durch einen Grenzübergang exakt bestimmt werden. Auch ist eine allgemeingültige Meßvorschrift nicht angebbar. Meßvorschriften für Feldgrößen bleiben stets auf Sonderfälle beschränkt; eine exakte Definition einer Feldgröße bedarf im allgemeinen eines Gedankenexperiments.
Als elektromagnetische Feldgrößen werden oft auch noch sogenannte Integralgrößen verstanden. Integralgrößen sind keine Ortsfunktionen und daher auch keinem Raumpunkt zugeordnet; sie sind meist direkt meßbar. Typische Vertreter hierfür sind die Schaltungsgrößen R, L und C, eingeführt als Definitionen, oft um technischen Erfordernissen zu entsprechen. Auch Stromstärke I und Spannung U sind Integralgrößen, ebenso wie die elektrische Ladung Q,

der elektrische Fluß Ψ und der magnetische Fluß Φ. Sofern diese als ortsabhängig behandelt werden, betrachtet man die Lagekoordinaten der Ladungsträger oder der Flächen, durch die Ψ und Φ hindurchtreten, und ordnet sie dann diesen Größen zu.
In der Elektrodynamik kann man schließlich nach *G. Mie* [19] auch noch zwischen Quantitäts- und Intensitätsgrößen unterscheiden, was gelegentlich anschauliche Analogien zuläßt. Quantitätsgrößen sind nach *Mie* die Summe ihrer Teile und keiner kontinuierlichen Änderung fähig. Intensitätsgrößen können sich dagegen kontinuierlich vom Wert Null bis auf den gegebenen Wert ändern. Dabei zeigt sich, daß stets gilt:

Energiegröße = Intensitätsgröße × Quantitätsgröße.

Darüber wird noch in Kapitel 4.3 zu sprechen sein.

Die von *G. Mie* angegebenen Kriterien zur Unterscheidung von Quantitätsgrößen und Intensitätsgrößen reichen nicht ganz aus. Nachdem inzwischen der magnetische Fluß Φ als gequantelte Größe nachgewiesen werden konnte, sind Φ und damit die magnetische Flußdichte $\boldsymbol{B}$ offensichtlich Quantitätsgrößen, worauf *R. Fleischmann* bereits hingewiesen hat [5]. *Mie* betrachtet dagegen die Flußdichte $\boldsymbol{B}$ als Intensitätsgröße und die magnetische Feldstärke $\boldsymbol{H}$ als Quantitätsgröße.
Offenbar entspringt die Aufteilung in Quantitäts- und Intensitätsgrößen einem Dualismus, der die gesamte Elektrodynamik durchzieht und in der Theorie der Netzwerke als Widerstandsreziprozität auftritt [29]. Dann sind [30] Quantitätsgrößen die Summe ihrer Teile, ihnen kann ein „Parallelersatzschaltbild" zugeordnet werden; Intensitätsgrößen ändern sich dagegen kontinuierlich, ihnen ist ein „Reihenersatzschaltbild" zuzuordnen. So sind elektrische Ladung Q und Flußdichte $\boldsymbol{D}$ zweifellos Quantitätsgrößen, ebenso wie die Stromstärke I und die Stromdichte $\boldsymbol{J}$. Q tritt als Ladung des Elektrons gequantelt auf, in einer Parallelschaltung aus zwei Kondensatoren der Kapazität C_1 und C_2 addieren sich auch die Flüsse (Ladungen):

$$Q_1 = \int \boldsymbol{D}_1 \, \mathrm{d}\boldsymbol{A}_1 \quad \text{und} \quad Q_2 = \int \boldsymbol{D}_2 \, \mathrm{d}\boldsymbol{A}_2 .$$

Entsprechendes gilt für die Parallelschaltung aus zwei Widerständen R_1 und R_2 für die Stromstärken:

$$I_1 = \int \boldsymbol{J}_1 \, \mathrm{d}\boldsymbol{A}_1 \quad \text{und} \quad I_2 = \int \boldsymbol{J}_2 \, \mathrm{d}\boldsymbol{A}_2 .$$

Elektrische Intensitätsgrößen sind die elektrische Spannung U und die elektrische Feldstärke $\boldsymbol{E}$. Längs einer Reihenschaltung aus zwei Widerständen R_1 und R_2 addieren sich die Spannungen:

$$U_1 = \int \boldsymbol{E}_1 \, \mathrm{d}\boldsymbol{s}_1 \quad \text{und} \quad U_2 = \int \boldsymbol{E}_2 \, \mathrm{d}\boldsymbol{s}_2 .$$

Auch können sie dort kontinuierlich abgegriffen werden.

Magnetische Quantitätsgrößen sind, wie bereits gezeigt, der magnetische Fluß Φ und die Flußdichte $\boldsymbol{B}$. Bei einer Parallelschaltung zweier Zweige (1) und (2) eines magnetischen Kreises addieren sich die Flüsse:

$$\Phi_1 = \int \boldsymbol{B}_1 \, \mathrm{d}\boldsymbol{A}_1 \quad \text{und} \quad \Phi_2 = \int \boldsymbol{B}_2 \, \mathrm{d}\boldsymbol{A}_2 .$$

Magnetische Intensitätsgrößen sind jedoch die magnetische Spannung V_m und die magnetische Feldstärke $\boldsymbol{H}$. Längs einer Reihenschaltung zweier Zweige (1) und (2) eines magnetischen Kreises addieren sich

$$V_1 = \int \boldsymbol{H}_1 \, \mathrm{d}\boldsymbol{s}_1 \quad \text{und} \quad V_2 = \int \boldsymbol{H}_2 \, \mathrm{d}\boldsymbol{s}_2 ,$$

sie können dort auch kontinuierlich abgegriffen werden. Siehe auch Kapitel 4.3. Die Einteilung in Quantitätsgrößen und Intensitätsgrößen, die im folgenden konsequent befolgt wird, gilt nur für elektrische und magnetische Größen; auf mechanische Größen kann diese Einteilung nicht angewendet werden, da die Mechanik den Dualismus der Widerstandsreziprozität nicht kennt. In allen Gleichungen der Elektrodynamik bleiben daher nichtelektrische oder nichtmagnetische Größen unberücksichtigt, sofern sie nicht als sogenannte „Energiegrößen“ durch ausschließlich elektromagnetische Größen ausgedrückt werden können, wie beispielsweise:

$$\boldsymbol{F} = \boldsymbol{E} Q; \quad P = UI; \quad W_m = \tfrac{1}{2} V_m \Phi .$$

2 Die Größen des elektrischen Feldes

Die elektrischen Feldgrößen werden abgeleitet. Ein Erfahrungssatz führt zu deren Verknüpfung, was die elektrische Feldkonstante ergibt. Die Ergebnisse werden gedeutet und einer kritischen Betrachtung unterzogen.

2.1 Ableitung der elektrischen Feldgrößen

Bei den elektrischen Erscheinungen handelt es sich um Vorgänge, die nicht mehr allein mit den Begriffen der Mechanik erklärt werden können. So läßt sich aus der Beobachtung des Naturgeschehens keine elektrische Größe eindeutig und nur aus nichtelektrischen Größen ableiten. Vor allem war es *G. Mie* [19], der dieses erkannte und darauf hingewiesen hat. Man führt daher zunächst den Begriff der *elektrischen Ladung Q* ein und betrachtet sie als eine von der Natur in der Ladung des Elektrons als Elementarladung dargebotene und von keiner anderen Größe ableitbare Grund- oder Basisgröße, die somit keiner Definition fähig ist. Die elektrische Ladung ist eine skalare Quantitätsgröße, sie ist positiv oder negativ. Die Ladung eines Raumteils oder dessen Oberfläche ist die algebraische Summe der elektrischen Ladungen verschiedenen Vorzeichens der dort vorhandenen Ladungsträger und in diesem Sinne eine Überschußladung.
Lassen sich Ladungen verschiedenen Vorzeichens trennen, so daß man frei bewegliche oder transportierbare Träger von Ladungen eines Vorzeichens erhält, so bezeichnet man diese Ladungen als freie oder auch „wahre" Ladungen. Sind dagegen Träger von Ladungen verschiedenen Vorzeichens als elementare Dipole oder Multipole in molekularen Bereichen aneinander gebunden und nicht voneinander trennbar, so handelt es sich um gebundene oder „scheinbare" Ladungen*). Beispiele hierfür sind Polarisationsladungen auf der Oberfläche elektrisch polarisierter Dielektrika oder die Ladungen von Ionen in einem Dielektrikum mit Ionengitter.
Die auf die sie tragende Oberfläche A bezogene Ladung Q ist die *Flächenladungsdichte* oder Ladungsbelegung:

$$\sigma = \lim_{A \to 0} \frac{\Delta Q}{\Delta A} = \frac{\mathrm{d}Q}{\mathrm{d}A}. \tag{2.1}$$

---

*) Im Schrifttum wird auch die Summe aus gebundener und wahrer Ladung als „freie" Ladung bezeichnet.

Sie ist als skalare Quantitätsgröße definiert. Entsprechend ergeben beliebig verteilte freie Ladungen Q innerhalb eines Raumteils vom Volumen V, bezogen auf dieses Volumen, die *Raumladungsdichte*, ebenfalls eine Quantitätsgröße:

$$\varrho = \lim_{V \to 0} \frac{\Delta Q}{\Delta V} = \frac{\mathrm{d}Q}{\mathrm{d}V}. \tag{2.2}$$

Wie noch gezeigt wird, kann ϱ als Divergenz eines Bivektors dargestellt werden, die Raumladungsdichte ist somit ein Trivektor, der im dreidimensionalen Raum R 3 als skalare Ortsfunktion definiert wird (siehe Anhang).
Die Umgebung einer elektrischen Ladung ist stets durch einen Zwangszustand gekennzeichnet, den man als elektrisches Feld bezeichnet und der durch Kraftwirkungen auf in den Raum gebrachte, ruhend erscheinende Ladungsträger erkennbar ist. Werden im folgenden die Kraft und alle sonstigen mechanischen Größen als bereits eindeutig definiert angenommen, so kann man daher als Maß für die Stärke des elektrischen Feldes in jedem Raumpunkt die Kraft F wählen, die auf einen im betrachteten Raumpunkt des felderfüllten Raumes gebrachten punktförmigen Träger einer positiven Ladung Q (Punktladung) unabhängig von dessen Geschwindigkeit v ausgeübt wird und nicht mechanisch erklärt werden kann. Man definiert dann als *elektrische Feldstärke* die Intensitätsgröße:

$$\boldsymbol{E} = \frac{\boldsymbol{F}}{Q}. \tag{2.3}$$

Um dabei Bildladungen mit störendem Einfluß zu vermeiden [30], muß der felderfüllte Raum linear, homogen und ausreichend weit ausgedehnt angenommen werden. Dann ist $\boldsymbol{E}$ die elektrische Feldstärke am Ort der positiven Punktladung Q *vor* deren Hineinbringen in das Feld.
Im zeitlich konstanten Feld beschreibt E ein wirbelfreies Feld, d.h.:

$$\oint \boldsymbol{E}\,\mathrm{d}\boldsymbol{s} = 0; \quad \mathrm{rot}\,\boldsymbol{E} = 0. \tag{2.4}$$

Die elektrische Feldstärke kann dann als negativer Gradient eines skalaren elektrischen Potentials φ

$$\boldsymbol{E} = -\mathrm{grad}\,\varphi \tag{2.5}$$

angegeben werden, womit $\boldsymbol{E}$ als längenbezogene vektorielle Ortsfunktion ein dreidimensionaler Monovektor $\boldsymbol{E} = E_i$ ist.
Mit Gl. (2.3) beträgt der Energieaufwand zur Bewegung einer Punktladung Q im elektrischen Feld:

$$\mathrm{d}W = \boldsymbol{F}\mathrm{d}\boldsymbol{s} = Q\boldsymbol{E}\mathrm{d}\boldsymbol{s}. \tag{2.6}$$

Man definiert dabei als *elektrische Spannung* U_{12} längs eines Weges vom Raumpunkt (1) zum Raumpunkt (2) die Intensitätsgröße

$$U_{12} = \frac{W_{12}}{Q} = \int_1^2 \boldsymbol{E} \,\mathrm{d}\boldsymbol{s}, \tag{2.7}$$

worin W_{12} als Produkt aus Intensitäts- und Quantitätsgröße der Energieaufwand, also die geleistete oder gewonnene Arbeit beim Transport einer Punktladung Q von (1) nach (2) ist.

Im wirbelfreien Feld benötigt der Transport einer Ladung auf beliebigem geschlossenem Wege keinen Energieaufwand. Im zeitlich konstanten elektrischen Feld ist daher die Spannung zwischen zwei Raumpunkten (1) und (2) unabhängig vom Weg und gleich der Differenz der elektrischen Potentiale dieser beiden Raumpunkte, also gleich der Potentialdifferenz $\varphi_1 - \varphi_2$. Eine Spannung kann man demnach immer nur zwischen zwei Punkten angeben, während man im wirbelfreien Feld jedem Raumpunkt ein Potential φ als skalare Ortsfunktion und Intensitätsgröße zuordnen kann. Der Wert φ hängt jedoch vom willkürlich wählbaren Bezugspotential φ_0 des Bezugspunktes ab. Wählt man als Bezugspotential $\varphi_0 = 0$, so ist das Potential eines Punktes gleich der Spannung U zwischen diesem Punkt und dem Bezugspunkt.

In Gl. (2.3) spielt die elektrische Ladung Q lediglich eine passive Rolle, indem sie ihren Träger zum Angriffspunkt der Feldkräfte macht. Nachdem aber der elektrischen Ladung vor allem eine aktive Rolle als Felderzeugende zusteht, muß auch noch der Zusammenhang zwischen einer elektrischen Ladung und dem Eigenfeld dieser Ladung untersucht werden. Zu diesem Zweck soll zunächst ein nichtleitender Raum vom Volumen V mit der Raumladungsdichte ϱ betrachtet werden. Ist dabei $+Q$ die gesamte freie Ladung innerhalb dieses Raumes, der von einer geschlossenen Metallelektrode vollständig umschlossen wird, so erscheint deren innere Oberfläche durch Influenzwirkung mit einer gleich großen Ladung $-Q$ und deren äußere Oberfläche mit einer ebenfalls gleich großen Ladung $+Q$ geladen, ohne daß außerhalb der Elektrode weitere Ladungen vorhanden sind. Man kann daher einen von der Ladung $+Q$ innerhalb der Elektrode ausgehenden und auf der Ladung $-Q$ der inneren Metalloberfläche mündenden „Fluß“ annehmen. Dieser Fluß im nichtleitenden Raum ist der *elektrische Fluß* Ψ, auch Verschiebungsfluß genannt. Der gesamte, vom Träger der Ladung $+Q$ ausgehende elektrische Fluß Ψ_{ges} innerhalb der geschlossenen Elektrode muß auf der inneren Metalloberfläche als Ladung $-Q$ münden, so daß:

$$Q = \int \varrho \,\mathrm{d}V = \Psi_{ges}. \tag{2.8}$$

Der gesamte, von einer positiven Ladung ausgehende und auf einer negativen Ladung endende elektrische Fluß muß also dieser Ladung gleich sein. Er entspringt an freien positiven Ladungen, mündet an freien negativen Ladungen und kennzeichnet als skalare Quantitätsgröße einen Zustand des felderfüllten Raumes.

Bezieht man den durch eine Fläche A hindurchtretenden Fluß Ψ auf diese Fläche, so erhält man die *elektrische Flußdichte* $\boldsymbol{D}$, auch Verschiebung oder Verschiebungsdichte genannt. Es gilt somit:

$$\Psi = \int \boldsymbol{D} \, \mathrm{d}\boldsymbol{A}. \tag{2.9}$$

Als Oberflächenintegral (Hüllenintegral) über einen Raum mit freien Ladungen vom Gesamtbetrag Q erhält man daher:

$$\oint \boldsymbol{D} \, \mathrm{d}\boldsymbol{A} = Q = \Psi_{ges}. \tag{2.10}$$

Im elektrostatischen Feld findet man die Oberfläche metallischer Elektroden als Sitz elektrischer Ladungen; dort ist der Betrag D identisch mit der dortigen Flächenladungsdichte σ.
Die elektrische Flußdichte ist eine zweite elektrische Feldgröße, jedoch im Gegensatz zur elektrischen Feldstärke eine Quantitätsgröße und als flächenbezogene vektorielle Ortsfunktion ein dreidimensionaler Bivektor $\boldsymbol{D} = D_{ij}$. Wegen Gl. (2.10) ist:

$$\operatorname{div} \boldsymbol{D} = \varrho. \tag{2.11}$$

Die Quellen der Flußdichte $\boldsymbol{D}$ sind somit die freien elektrischen Ladungen, an denen die D-Linien entspringen und wieder münden. Im quellenfreien elektrischen Feld können remanent polarisierte Körper (Elektrete) oder Induktionswirkungen auch bei Abwesenheit freier Ladungen zu einer elektrischen Flußdichte führen. Die D-Linien verlaufen dann in geschlossenen Bahnen, und der elektrische Fluß bildet einen in sich geschlossenen Ringfluß.
Eine dritte elektrische Feldgröße ist die elektrische Stromdichte. Um diese abzuleiten, soll eine unter dem Einfluß eines elektrischen Feldes geordnete Bewegung freier Ladungsträger der Ladung Q in einem Leiter betrachtet werden; sie bildet einen *Leitungsstrom*. Ist v die mittlere Geschwindigkeit der Ladungsträger, so definiert man die Summe der räumlichen Dichte des Produkts $Q\,v$ als *Leitungsstromdichte:*

$$\boldsymbol{J} = \frac{\mathrm{d}}{\mathrm{d}V} \Sigma Q \boldsymbol{v} = \Sigma \varrho \boldsymbol{v}. \tag{2.12}$$

Sie ist als vektorielle, flächenbezogene Ortsfunktion ein Bivektor und eine Quantitätsgröße. Die Summenbildung erfolgt dabei jeweils für die an der geordneten Bewegung beteiligten positiven und negativen Ladungsträger. Die durch eine Fläche transportierten freien Ladungen ergeben als Quantitätsgröße die *Leitungsstromstärke:*

$$I = \int \boldsymbol{J} \, \mathrm{d}\boldsymbol{A}. \tag{2.13}$$

Allgemein definiert man die elektrische *Stromstärke* als

$$I=\frac{\mathrm{d}Q}{\mathrm{d}t}=\frac{\mathrm{d}}{\mathrm{d}t}\int \boldsymbol{D}\,\mathrm{d}\boldsymbol{A}, \tag{2.14}$$

was unter Beachtung, daß

$$\frac{\mathrm{d}\boldsymbol{D}}{\mathrm{d}t}=\frac{\partial \boldsymbol{D}}{\partial t}+v\,\frac{\partial \boldsymbol{D}}{\partial s}=\frac{\partial \boldsymbol{D}}{\partial t}+\boldsymbol{v}\varrho,$$

für eine bestimmte Fläche A ergibt

$$I=\frac{\mathrm{d}Q}{\mathrm{d}t}=\int\left(\frac{\partial \boldsymbol{D}}{\partial t}+\boldsymbol{v}\varrho\right)\mathrm{d}\boldsymbol{A}=I_v+I_k, \tag{2.15}$$

mit

$$I_v=\int\frac{\partial \boldsymbol{D}}{\partial t}\,\mathrm{d}\boldsymbol{A}=\frac{\mathrm{d}\Psi}{\mathrm{d}t};\quad I_k=\int \varrho\,\boldsymbol{v}\,\mathrm{d}\boldsymbol{A}. \tag{2.15a}$$

Man bezeichnet I_v als *Verschiebungsstrom* und I_k als *Konvektionsstrom*. Ein Verschiebungsstrom ist z.B. der Lade- oder Entladestrom innerhalb des Dielektrikums eines Kondensators; einen Konvektionsstrom bildet z.B. ein Elektronenstrahl in einer Hochvakuumröhre. Im Leiter wird der Konvektionsstrom zum Leiterstrom. Die gesamte Stromdichte setzt sich somit zusammen aus der Leitungsstromdichte und der Verschiebungsstromdichte:

$$\boldsymbol{J}_{ges}=\boldsymbol{J}+\frac{\partial \boldsymbol{D}}{\partial t}. \tag{2.16}$$

Ihre Quellenfreiheit ist die Aussage der *Kontinuitätsgleichung* der elektrischen Strömung:

$$\mathrm{div}\boldsymbol{J}_{ges}=\mathrm{div}\boldsymbol{J}+\frac{\partial \varrho}{\partial t}=0. \tag{2.17}$$

2.2 Verknüpfung der elektrischen Feldgrößen

Im vorigen Abschnitt wurde die elektrische Ladung zunächst als Indikator zur Ermittlung der Stärke eines elektrischen Feldes verwendet, das führte zur Definition einer Intensitätsgröße, der elektrischen Feldstärke $\boldsymbol{E}$ als Monovektor. Unbeantwortet blieb dabei die Frage nach dem funktionellen Zusammenhang zwischen der Ladung Q und ihrer Eigenfeldstärke $\boldsymbol{E}$. Anschließend wurde daher die elektrische Ladung in ihrer Rolle als Felderzeugende untersucht, was die beiden Quantitätsgrößen $\boldsymbol{D}$ und $\boldsymbol{J}$ ergab. Den funktionellen

Zusammenhang zwischen diesen beiden Bivektoren erhält man aus Gl. (2.11) und Gl. (2.12).
Offenbar muß aber auch ein enger Zusammenhang zwischen den beiden Feldgrößen $\boldsymbol{E}$ und $\boldsymbol{D}$ bestehen, denn $\boldsymbol{E}$ beschreibt die Wirkungen des Feldes, das die Ladung Q unter Zwischenschaltung der Feldgröße $\boldsymbol{D}$ aufspannt. Zur Ermittlung dieses Zusammenhangs ist jedoch zunächst eine Naturbeobachtung unumgänglich. Sie ergibt, daß im materiefreien Raum stets $\boldsymbol{D} \sim \boldsymbol{E}^*$, so daß man bei Verwendung eines Gleichheitszeichens im materiefreien Raum schreiben kann (siehe Anhang):

$$\boldsymbol{D} = \varepsilon_0 \boldsymbol{E}^*.$$

Hierbei ist ε_0 als notwendige Proportionalitätskonstante dimensionsbehaftet und eine Naturkonstante, die *elektrische Feldkonstante*. Sie dient zur Verknüpfung des Bivektors $\boldsymbol{D}$ mit dem Monovektor $\boldsymbol{E}$, erfordert somit einen dreidimensionalen Dualübergang $\boldsymbol{E} \rightarrow \boldsymbol{E}^*$, dessen physikalische Deutung sich aus einer vierdimensionalen Betrachtung in Kapitel 5.2 ergibt.
Wird der felderfüllte Raum mit Materie angefüllt, so ist der Betrag E der Feldstärke, hervorgerufen durch ein und dieselbe elektrische Ladung, stets kleiner als im materiefreien Raum. Man setzt dann

$$\boldsymbol{D} = \varepsilon \boldsymbol{E}^* = \varepsilon_0 \varepsilon_r \boldsymbol{E}^*. \tag{2.18}$$

mit ε als *Permittivität*. Die Materialgröße ε_r ist im linearen und isotropen Medium ein konstanter Zahlenfaktor, der in anisotropen Stoffen richtungsabhängig ist. Auch sonst kann ε_r eine Funktion von E oder auch frequenzabhängig sein.
Zur Kennzeichnung des von der Materie herrührenden Anteils der Flußdichte macht man auch den Ansatz:

$$\boldsymbol{D} = \varepsilon_0 \boldsymbol{E}^* + \boldsymbol{P}. \tag{2.19}$$

Darin ist die Quantitätsgröße $\boldsymbol{P}$ die *elektrische Polarisation,* ein Bivektor, definiert als Volumendichte der vektoriellen Summe der durch die Polarisationsladungen gebildeten elementaren Dipolmomente der polarisierten Materie. Die Flächendivergenz $\mathrm{Div}\boldsymbol{P}$ ergibt die Flächenladungsdichte, die Divergenz $\mathrm{div}\boldsymbol{P}$ die Raumladungsdichte der Polarisationsladungen:

$$\mathrm{Div}\,\boldsymbol{P} = \sigma_p; \qquad \mathrm{div}\,\boldsymbol{P} = -\varrho_p. \tag{2.20}$$

Allerdings ist ϱ_p eine reine Rechengröße, denn ein polarisiertes Dielektrikum kann immer nur in ganze Dipole aufgeteilt werden, deren Gesamtladung verschwindet. Ein sogenannter „mathematischer Schnitt“, der die molekularen Dipolachsen durchtrennt, ist physikalisch nicht möglich.

Die Verknüpfung von $\boldsymbol{J}$ und $\boldsymbol{E}$ findet man als Ohmsches Gesetz, ausgehend von der Definition des elektrischen Widerstandes linearer Leiter:

$$R = \frac{U}{I}. \tag{2.21}$$

Bei einem linearen Leiter der Länge l mit dem überall gleichen Querschnitt A gilt dabei wegen Gl. (2.7) bei gegebenem Strom für die Spannung $U \sim l$ und wegen Gl. (2.13) bei gegebener Spannung für den Strom $I \sim A$. Definiert man daher als elektrische *Leitfähigkeit* κ, auch Konduktivität genannt, den Kehrwert des Widerstandes eines Leiterstückes, dessen Länge gleich der Längeneinheit und dessen Querschnitt gleich der Flächeneinheit ist, so ist bei einem linearen Leiter mit beliebigen Werten l und A:

$$R = \frac{l}{\kappa A}; \quad \kappa = \frac{Il}{UA} = \frac{J}{E}. \tag{2.21 a}$$

Das *Ohmsche Gesetz* des Strömungsfeldes lautet daher

$$\boldsymbol{J} = \kappa \boldsymbol{E}^*, \tag{2.22}$$

was ebenfalls einen dreidimensionalen Dualübergang verlangt. Wesentlich ist dabei, daß die Materialgröße κ weder eine Naturkonstante noch ein Proportionalitätsfaktor im bisherigen Sinne ist, sondern als eine definierte Materialgröße erscheint.
Die im leitenden Medium der Leitfähigkeit κ zur Aufrechterhaltung der elektrischen Strömung erforderliche Leistung P wird nun mit Gl. (2.6) im zeitlich konstanten Feld

$$P = \frac{\mathrm{d}W}{\mathrm{d}t} = Q\boldsymbol{E}\boldsymbol{v} = UI,$$

oder die Leistung je Volumen

$$P' = \boldsymbol{J}\boldsymbol{E} = \kappa E^2. \tag{2.23}$$

Zur Berechnung der elektrischen Energie W_e in einem von einem elektrischen Feld angefüllten Raum soll schließlich die von einem Kondensator der Kapazität C bei seiner Aufladung aufgenommene, also gespeicherte elektrische Energie in linearen Medien betrachtet werden. Definiert man dabei als Kapazität einer Elektrodenanordnung den Quotienten

$$C = \frac{Q}{U}, \tag{2.24}$$

so wird

$$W_e = \int_0^t u i \, \mathrm{d}t = \frac{1}{C} \int_0^Q Q \, \mathrm{d}Q = \frac{1}{2} \frac{Q^2}{C},$$

oder

$$W_e = \frac{1}{2} U Q = \frac{1}{2} C U^2. \tag{2.25}$$

Mit Gl. (2.7) und Gl. (2.10) erhält man daraus für die elektrische Energie je Volumen V in linearen und isotropen Stoffen den Trivektor

$$w_e = \frac{1}{2} \boldsymbol{E} \boldsymbol{D} = \frac{\varepsilon}{2} E^2, \tag{2.26}$$

oder allgemein

$$w_e = \int \boldsymbol{E} \, \mathrm{d} \boldsymbol{D}. \tag{2.26a}$$

Wie erforderlich, ist das ein Produkt aus Intensitätsgröße und Quantitätsgröße.
Damit wurden die wichtigsten elektrischen Feldgrößen abgeleitet. Das Ergebnis dieser beiden letzten Abschnitte lautet daher zusammengefaßt:

Geht man von der Ladung Q als unabhängige elektrische Grundgröße aus, so genügt zur Ableitung aller weiteren elektrischen Feldgrößen ein Erfahrungssatz als Naturgesetz, der die beiden elektrischen Feldgrößen **E** *und* **D** *miteinander verknüpft und die Naturkonstante* ε_0 *ergibt.*

Die elektrische Feldkonstante ε_0 dient als Proportionalitätsfaktor zur Verknüpfung von elektrischen mit elektrischen Größen; sie bildet einen Quotienten aus Quantitätsgröße und Intensitätsgröße. Alle weiteren elektrischen Größen können als Definitionen gewonnen werden. Das gilt grundsätzlich auch für nichtlineare und isotrope Medien mit ihren oft komplizierten mathematischen Zusammenhängen.

2.3 Deutung und kritische Betrachtung der Ergebnisse

Zunächst soll der elektrische Fluß Ψ näher betrachtet werden. Seine Gleichsetzung mit der elektrischen Ladung, von der er ausgeht oder auf der er mündet, bildet den Schlüssel zur Erklärung und Deutung der abgeleiteten elektrischen Feldgrößen im Sinne der Feldtheorie. *H. Schönfeld* [23] setzt dagegen den elektrischen Fluß der elektrischen Ladung proportional und führt bei Verwendung des Gleichheitszeichens einen dimensionsbehafteten Proportionalitätsfaktor zur Verknüpfung beider Größen ein. Beide Größen müssen dann auch in verschiedenen Einheiten angegeben und gemessen werden. Begründet wird diese begriffliche Verschiedenheit zwischen elektri-

scher Ladung und Fluß u.a. damit, daß der elektrische Fluß eine dem Dielektrikum arteigene Erscheinung sei, die beim Vorhandensein von Ladungen (Quellenfeld) teilweisen, beim Fehlen von Ladungen (quellenfreies Feld) vollständigen Stromcharakter hat. Demgegenüber wurde aber bereits wiederholt gezeigt, so u.a. von *G. Mie* [19] wie auch von *A. von Weiss* [26], daß eine Gleichsetzung dieser beiden Größen den Gleichheitsaxiomen der Mathematik auch begrifflich nicht widerspricht. Der Begriff des elektrischen Flusses ermöglicht es, die stets an einen Träger gebundene elektrische Ladung auf den Raum zu erweitern. Das bedeutet eine Anpassung des Ladungsbegriffs an die Betrachtungsweise der Feldtheorie, die den felderfüllten Raum in den Vordergrund der Betrachtungen stellt, gleichgültig ob mit Materie angefüllt oder nicht. Das Elektron als Träger der Elementarladung ist ein Fremdling in der Feldtheorie; an seine Stelle tritt das vom Elektron ausgehende Flußquant $\Psi_0 = e$. Die Gleichsetzung von elektrischer Ladung und elektrischem Fluß macht diesen zum Repräsentanten *aller* elektrischen Erscheinungen auch im quellenfreien elektrischen Wirbelfeld. Der elektrische Fluß erfüllt den Raum und macht diesen zum Sitz der elektrischen Energie. Eine positive Ladung ist eine Erregerquelle, eine negative Ladung eine Erregersenke. Erregerquellen und Erregersenken können punktförmig (Punktladung), flächenförmig (Flächenladung) oder sonst räumlich verteilt sein. Im elektrischen Quellenfeld (elektrostatisches Feld) sind z.B. die Elektrodenoberflächen Sitz dieser Quellen und Senken. Anders ausgedrückt heißt das, man nennt den auf einen Ladungsträger auftreffenden Fluß dort selbst eine negative Ladung und den von einem Ladungsträger ausgehenden Fluß dort selbst eine positive Ladung.

Die Dichte des Flusses auf der Oberfläche eines als Erregerquelle oder Erregersenke wirkenden Körpers nennt man Flächenladungsdichte σ, nach Gl. (2.1). Die Flächendichte des Flusses in einem beliebigen sonstigen Raumpunkt ist die elektrische Flußdichte $\boldsymbol{D}$ oder die Verschiebungsdichte, womit auch die Schwierigkeit einer physikalischen Deutung dieser Feldgröße im materiefreien Raum entfällt. Ebenso kann man auch die Energiedichte im materiefreien Raum angeben, ohne begriffliche Schwierigkeiten zu bereiten, nachdem der Raum als Träger und Sitz der Energie erkannt wurde.

Die elektrische Ladung ist bei dieser Betrachtungsweise lediglich eine andere Bezeichnung für einen ortsgebundenen Fluß Ψ, ebenso wie man etwa die Spannung an den Ausgangsklemmen eines Zweitors als Ausgangsspannung bezeichnet. Somit sind elektrischer Fluß und elektrische Ladung begrifflich gleiche physikalische Größen. Wie oft üblich, kann daher auch auf ein eigenes Symbol für den elektrischen Fluß verzichtet werden.

Verbleibt noch auf einen gelegentlich zu hörenden Einwand einzugehen, daß nämlich ruhende Kondensatorladung und Zeitintegral des Ladestromes, also der Fluß Ψ, sich nicht „in jedem Fall vertreten" können, denn – so wird argumentiert – eine ruhende Kondensatorladung hat andere Wirkungen als das Zeitintegral des Verschiebungsstromes. Die ruhende Kondensatorladung verursacht elektrostatische Kraftwirkung, der Ladestrom ist dagegen mit elektromagnetischen Wirkungen verknüpft.

Daß es sich aber hierbei nur um einen scheinbaren Widerspruch handelt, ist leicht zu zeigen, wenn man schreibt:

$$\Psi = Q = \int I \,\mathrm{d}t = f(I) + K.$$

Im elektrostatischen Feld ist die Funktion $f(I) = 0$. Daraus folgt für die Integrationskonstante $K = Q$. Das Zeitintegral verlangt nämlich als unbestimmtes Integral grundsätzlich die Berücksichtigung der notwendigen Integrationskonstante, die den zeitlich konstanten elektrischen Fluß (Kondensatorladung) im elektrostatischen Feld ergibt. Bei zeitlich konstanter Ladung verschwindet die Funktion $f(I)$ des Zeitintegrals, aber nicht die Integrationskonstante.

Die Einführung des elektrischen Flusses Ψ, seine Gleichsetzung mit der elektrischen Ladung und seine bisherige Deutung im Sinne der Feldtheorie lassen auch den Unterschied zwischen beiden Feldgrößen $\boldsymbol{E}$ und $\boldsymbol{D}$ gut erkennen. Als Flächendichte des elektrischen Flusses kennzeichnet der Bivektor $\boldsymbol{D}$ die Rolle freier Ladungen als Felderzeugende. Der Monovektor $\boldsymbol{E}$ gibt dagegen die Stärke eines elektrischen Feldes an und bestimmt die in einem elektrischen oder allgemein in einem elektromagnetischen Feld ausgeübte und von der Geschwindigkeit unabhängige Kraftkomponente. Gl. (2.3) ist dabei eine eindeutige Definition, denn bei gegebener, in das Feld gebrachter Probeladung gehört zu jedem Vektor $\boldsymbol{F}$ ein und *nur ein* zugeordneter Vektor $\boldsymbol{E}$. In festen Körpern versagt allerdings diese Definition. Dann hilft nur ein Gedankenexperiment, indem man einen hinreichend kleinen schmalen Schlitz parallel zur Feldrichtung annimmt. Da wegen Gl. (2.4) an Trennflächen mit ε_1 und ε_2 für die Tangentialkomponenten von $\boldsymbol{E}$ gelten muß $E_{t1} = E_{t2}$, läßt sich dann $\boldsymbol{E}$ in einem solchen Längsschlitz (Hohlraum) nach Gl. (2.3) definieren. Zur Ermittlung der zweiten Feldgröße $\boldsymbol{D}$ wählt man dagegen als Hohlraum einen entsprechend kleinen Querschlitz senkrecht zur Feldrichtung. Wegen Gl. (2.11) gilt an *ladungsfreien* Trennflächen ($\varrho = 0$) mit ε_1 und ε_2 für die Normalkomponenten $D_{n1} = D_{n2}$. Bringt man daher in einen solchen Querschlitz einen hinreichend kleinen Plattenkondensator, dessen Platten senkrecht zur Feldrichtung orientiert werden, so kann der Betrag D als Dichte σ der Kondensatorladung bestimmt werden.

Verbleibt noch zu erwähnen, daß die nach Gl. (2.3) in das Feld der Stärke $\boldsymbol{E}$ gebrachte Punktladung Q als so klein angenommen werden muß, daß durch das Hineinbringen dieser Punktladung (Probeladung) bereits keine unzulässige Feldverzerrung durch den *ungeladenen* Probekörper infolge Polarisation möglich ist. Die Permittivität ε kann man schließlich durch Vergleich von

$$R = \frac{l}{\kappa A}, \quad \frac{1}{C} = \frac{l}{\varepsilon A}$$

als „elektrostatische Leitfähigkeit" für den elektrischen Fluß deuten, während die Kapazität C dann der „elektrostatische Leitwert" des Dielektrikums ist. Die elektrische Leitfähigkeit κ ist eine durch Definition gewonnene Materialgröße des elektrischen Strömungsfeldes.

3 Die Größen des magnetischen Feldes

Eine kritische Betrachtung der üblichen Ableitungen magnetischer Größen führt zur Wahl des magnetischen Flusses als unabhängige magnetische Basisgröße. Von diesem ausgehend werden die magnetischen Feldgrößen abgeleitet unter Heranziehung eines Erfahrungssatzes, der die magnetische Feldkonstante ergibt. Die Ergebnisse werden physikalisch gedeutet.

3.1 Übliche Ableitungen magnetischer Größen und Folgerung

Die magnetischen Erscheinungen sind eng verknüpft und wesensverwandt mit den elektrischen Erscheinungen. So ist jeder elektrische Strom stets mit einem magnetischen Feld (elektromagnetisches Feld) verknüpft. Man bezeichnet dabei als magnetisches Feld einen Zustand des Raumes, der u.a. dadurch gekennzeichnet ist, daß auf in den Raum gebrachte Magnete zusätzliche Kräfte ausgeübt werden, die weder im elektrostatischen Feld auftreten, noch mechanisch erklärt werden können. Überhaupt läßt sich experimentell nicht feststellen, ob ein den Raum erfüllendes magnetisches Feld von einem Dauermagneten oder von einer entsprechenden stromdurchflossenen Leiteranordnung hervorgerufen wird. Das führt zur Ampèreschen Hypothese, nach welcher der Magnetismus auch innerhalb mikroskopischer Bereiche ausschließlich als Wirkung bewegter elektrischer Ladungen gedeutet wird. Jedenfalls lassen sich alle magnetischen Erscheinungen durch elektrische Vorgänge erklären oder auf solche zurückführen. Alle physikalischen Vorgänge, hervorgerufen durch ruhend oder bewegt erscheinende elektrische Ladungen, sind jedoch *verschiedene* Einzelmerkmale ein und desselben Naturphänomens, das man als Elektromagnetismus bezeichnet.
Zunächst soll untersucht werden, ob mindestens eine magnetische Größe, d.h. ein magnetisches Einzelmerkmal aus nur nichtmagnetischen Größen, insbesondere aus elektrischen Größen eindeutig und willkürfrei abgeleitet werden kann. Zu diesem Zweck verwendet man eine kleine Magnetnadel an der Achse einer Schneckenfeder, deren Ruhelage bei entspannter Schneckenfeder gegeben ist. Stellt man diese Magnetnadel bei entspannter Feder (Ruhelage) in Richtung der magnetischen Feldlinien eines homogenen Feldes und spannt die Feder mit Hilfe eines an der Feder befestigten Zeigers bis die Magnetnadel senkrecht zur Feldrichtung zeigt, so wird von der Federspannung das auf beide Pole der Magnetnadel ausgeübte Kräftepaar überwunden. Der Winkel α, um den dabei der Zeiger verdreht werden muß, wird dann $\alpha > 90°$ und kann als direktes Maß für die Stärke des Magnetfeldes dienen. Ein solches Magnetoskop dient als Indikator.

Bringt man dieses Magnetoskop mit hinreichend kleiner Magnetnadel in das homogene Feld im Innern einer geeigneten gestreckten Spule und ändert den Spulenstrom I, die Spulenlänge l, die Windungszahl N und den Spulenquerschnitt A, so findet man, daß der Winkelausschlag α innerhalb zweier Spulen gleich ist, wenn in einem sonst feldfreien Raum für beide Spulen 1 und 2:

$$\frac{I_1 N_1}{l_1} = \frac{I_2 N_2}{l_2}. \tag{3.1}$$

Ist diese Bedingung erfüllt, so wird ein gleich großes Kräftepaar auf ein und dieselbe Magnetoskopnadel im Innern beider Spulen 1 und 2 ausgeübt.
Dieses Ergebnis ergibt aber noch keine Aussage über den Zusammenhang zwischen den erzeugten magnetischen Feldern und den sie erzeugenden Strömen I_1 und I_2. Soll daher H der Betrag einer die Stärke eines Magnetfeldes kennzeichnenden Größe sein, so besagt Gl. (3.1) lediglich, daß:

$$H \sim \frac{IN}{l}.$$

G. Mie [19] verwendet eine kleine Spule (Solenoid), die einen gleichmäßig bewickelten Zylinder darstellt. Diese kleine Spule dient auch zur Ausmessung magnetischer Felder. Zu diesem Zweck führt man die Spule in das auszumessende Feld ein, stellt ihre Achse in Feldrichtung und ändert den Spulenstrom so lange, bis das Feld im Innern dieser kleinen Spule gerade zu Null kompensiert ist, was mit einer kleinen drehbaren Magnetnadel festgestellt werden kann. Die Stärke des auszumessenden Feldes wird dabei willkürlich

$$H = \frac{IN}{l} \tag{3.2}$$

gesetzt und H als Betrag einer Vektorgröße $\boldsymbol{H}$ in Richtung der Spulenachse betrachtet. Diese Feldgröße $\boldsymbol{H}$ wird dann magnetische Erregung oder magnetische Feldstärke genannt.
Die Fragwürdigkeit der Verwendung des Gleichheitszeichens in Gl. (3.2) erkennt man bereits daran, daß zur Kennzeichnung eines magnetischen Feldes keine *Wirkung* desselben herangezogen wird. Vielmehr wird eine das Feld erzeugende spezielle Anordnung betrachtet und mit Gl. (3.2) lediglich eine elektrische Größe, nämlich der Strombelag, definiert.
Das Ergebnis der beschriebenen Feldausmessung ergab demnach nur, daß das von einer stromdurchflossenen Spule erzeugte Magnetfeld eine Funktion der Amperewindungszahl je Länge ist.
Andere Autoren, z. B. *W. Weizel* [31], definieren die Feldgröße $\boldsymbol{H}$ aus der Kraft auf einen isoliert gedachten und in das zu untersuchende Feld gebrachten Magnetpol, der durch die noch zu bestimmende Größe p, genannt Polstärke, gekennzeichnet wird, als

$$\boldsymbol{H} = \frac{\boldsymbol{F}}{p}. \tag{3.3}$$

Anschließend wird die Arbeit beim Umlaufen eines vom Strom I durchflossenen, hinreichend langen Leiters wegen der Äquivalenz der verschiedenen Energieformen empirisch festgelegt zu:

$$p \oint \boldsymbol{H} \mathrm{d}\boldsymbol{s} = pI. \tag{3.3a}$$

Daraus folgt:

$$\oint \boldsymbol{H} \mathrm{d}\boldsymbol{s} = I, \tag{3.3b}$$

woraus sich Gl. (3.2) als Sonderfall ergibt.

Übersehen wird dabei, daß die Produktbildung aus den beiden Quantitätsgrößen p und I in Gl. (3.3a) willkürlich und physikalisch nicht überzeugend ist, denn p als noch unbekannte „Polstärke" eines Magneten und I als Strom durch einen Leiter sind zwei Größen ohne jeden direkten Zusammenhang. Ebenso könnte man die elektrische Feldstärke $\boldsymbol{E}$ innerhalb eines elektrostatisch aufgeladenen Kondensators und die magnetische Feldstärke $\boldsymbol{H}$ in der Umgebung eines Permanentmagneten als „Leistungsdichte" zum Produkt $\boldsymbol{EH}$ zusammenfassen. Tatsächlich wird die willkürliche Festlegung nach Gl. (3.3b) in Übereinstimmung mit Gl. (3.2) getroffen, wobei zudem auf der linken Seite das Produkt aus Quantitäts- und Intensitätsgröße steht, auf der rechten Seite dagegen das Produkt aus zwei Quantitätsgrößen. Der Naturbeobachtung kann nur entnommen werden, daß die Umlaufarbeit in Gl. (3.3a) dem Produkt pI *proportional* ist.

Vielfach wurde daher versucht, nicht $\boldsymbol{H}$ sondern eine zweite magnetische Feldgröße $\boldsymbol{B}$ aus elektrischen Größen abzuleiten, indem man setzt

$$\frac{1}{\mu} \oint \boldsymbol{B} \mathrm{d}\boldsymbol{s} = I$$

mit $1/\mu$ als Proportionalitätsfaktor. Zur Definition der Größe $\boldsymbol{B}$ dient dann noch zusätzlich die auf bewegt erscheinende Ladungen bzw. auf Stromleiter im Magnetfeld ausgeübte Kraftwirkung. Die auf die Länge bezogene Amperewindungszahl H nach Gl. (3.2) wird dann als magnetische Erregung definiert und als eine elektrische Größe betrachtet [20, 21]. Der Proportionalitätsfaktor zur Verknüpfung der laut experimentellem Befund in isotropen Medien einander proportionalen Beträge H und B wird dabei willkürlich ebenfalls μ gesetzt, ohne diese Notwendigkeit zu beweisen.

Überhaupt wird heute im elektrotechnischen Schrifttum in der Mehrzahl von der Feldgröße $\boldsymbol{B}$ ausgegangen und ihr Betrag B aus dem Kraftgesetz in der Form

$$F = BIl \sin \alpha \tag{3.4}$$

ermittelt, wobei B als Proportionalitätsfaktor „in einem experimentell ermittelten Naturgesetz“ erklärt wird. I ist dabei die gegebene Stromstärke im Leiter der Länge l, der mit der Feldrichtung den Winkel α bildet. Auch wird dieses Kraftgesetz gleich in Vektorform

$$\boldsymbol{F} = I(\boldsymbol{l} \times \boldsymbol{B}) \tag{3.4a}$$

angegeben und daraus $\boldsymbol{B}$ bestimmt [3]. Im ersten Fall heißt es dann noch zusätzlich, daß die aus Gl. (3.4) ermittelte Größe B sich als Vektor erweist oder als Vektorgröße aufgefaßt werden muß.
Die gleichen Verhältnisse liegen vor, wenn man zur Definition von $\boldsymbol{B}$ von der Lorentzkraft ausgeht in der Form:

$$\boldsymbol{F} = Q(\boldsymbol{v} \times \boldsymbol{B}); \quad F = BQv \sin\alpha. \tag{3.5}$$

Schließlich ist das dreidimensionale Vektorprodukt eine nicht umkehrbar eindeutige Lineartransformation und schon aus diesem Grunde zur Definition einer Größe ungeeignet. Zwar kann man zeigen, daß sich bei einem vorgegebenen Feld die Feldgröße $\boldsymbol{B}$ sowohl aus Gl. (3.4) bzw. (3.4a) als auch aus Gl. (3.5) mit Hilfe von zwei Messungen eindeutig ermitteln läßt, grundsätzlich gelten jedoch diese Beziehungen auch *zusätzlich* z.B. für Magnetfelder mit beliebigen Werten B_v weiterhin in der durch $\boldsymbol{l}$ und $\boldsymbol{B}$ bzw. $\boldsymbol{v}$ und $\boldsymbol{B}$ gegebenen Ebene, sofern nur:

$$B_v \sin\alpha_v = B \sin\alpha.$$

Entscheidend ist jedoch, daß der vollständige experimentelle Befund nur lauten kann:

$$\boldsymbol{F} \sim I(\boldsymbol{l} \times \boldsymbol{B}); \quad F \sim BIl \sin\alpha,$$

oder

$$\boldsymbol{F} \sim Q(\boldsymbol{v} \times \boldsymbol{B}); \quad F \sim BQv \sin\alpha. \tag{3.5a}$$

Gl. (3.4) bzw. Gl. (3.4a) ebenso wie Gl. (3.5) verlangen demnach einen Proportionalitätsfaktor, der von allen Größen der rechten Seite unabhängig, eine echte Konstante sein muß. Daß $\boldsymbol{B}$ dabei nicht dieser Proportionalitätsfaktor sein kann, ergibt sich bereits daraus, daß gerade diese Größe die für das magnetische Geschehen charakteristische Ortsfunktion darstellt, ebenso wie $\boldsymbol{E}$ im Kraftgesetz $\boldsymbol{F} = \boldsymbol{E}Q$ nach Gl. (2.3). Siehe auch Kapitel 1.3.
Schließlich soll noch versucht werden, von einer als elektrische Größe vom Betrag H nach Gl. (3.2) definierten Feldgröße auszugehen und damit die Begriffe Polstärke p sowie eine magnetische Feldgröße $\boldsymbol{B}$ einzuführen. Untersucht werden soll dabei im Magnetfeld eines materiefreien Raumes die Kraft

F_m auf einen Pol einer in das Feld hineingebrachten geeigneten Magnetnadel sowie die Kraft F_s auf eine vom Gleichstrom I durchflossene Leiterschleife, deren Längsseite mit der Länge l senkrecht zur Feldrichtung orientiert ist. Die Feldrichtung wurde vorher mit einer Magnetnadel ermittelt. Für die Beträge erhält man dabei als Ergebnis:

(1) $F_m \sim pH$; $F_m = k_1 pH$;

(2) $F_s \sim IlH$; $F_s = k_2 IlH$.

Ferner kann auf Grund der Feldausmessung mit einer kleinen Spule nach *G. Mie* bei der Gewinnung von Gl. (3.2) gesetzt werden:

(3) $B \sim H$; $B = \mu_0 H$.

Da H eine elektrische Größe sein soll, die den „Strombelag" angibt, besteht die Aufgabe des Proportionalitätsfaßtors μ_0 darin, nach (3) eine elektrische Größe in eine magnetische Größe zu „transformieren". Es besteht daher weder Anlaß noch eine eindeutig begründbare Berechtigung in (2) ebenfalls $k_2 = \mu_0$ zu setzen, da in (2) *keine* magnetischen Größen vorkommen. Dagegen erscheint es nicht unberechtigt, in (1) den Proportionalitätsfaktor $k_1 = \mu_0$ zu setzen, da p zweifellos eine magnetische Größe ist, die in (1) gemeinsam mit einer elektrischen Größe auftritt. Man erhält dann wegen (3)

$$\boldsymbol{B} = \frac{\boldsymbol{F}_m}{p}, \tag{3.6}$$

worin $\boldsymbol{B}$ und p noch weiterhin unbestimmt sind. Diese Beziehung verwenden *A. Sommerfeld* [24] und *W. H. Westphal* [32] zur Definition der Feldgröße $\boldsymbol{B}$. *Sommerfeld* geht dabei davon aus, daß das Magnetfeld z.B. einer ebenen Stromschleife, deren Strom I die Fläche A umschließt, in hinreichender Entfernung von der Stromschleife „gleich dem Felde eines Stabmagneten ist", der am Ort der Stromschleife senkrecht zur Fläche A steht mit dem magnetischen Moment $m_s = IA$. Es wird aber nun nicht etwa

$$\boldsymbol{B}_{\text{Spule}} = \boldsymbol{B}_{\text{Magnet}} \quad \text{oder} \quad \boldsymbol{H}_{\text{Spule}} = \boldsymbol{H}_{\text{Magnet}}$$

gesetzt, sondern

$$pl = IA; \quad p = \frac{IA}{l},$$

wobei $m_p = pl$ als magnetisches Moment eines Stabmagneten der Länge l definiert ist. Nun kann $\boldsymbol{B}$ aus Gl. (3.6) abgeleitet werden.

Die Gleichsetzung $m_p = m_s$ bedeutet, daß eine Stromfläche als Produkt aus Stromstärke I und Fläche A und ein Produkt aus Polstärke p und Polabstand l gleich sein sollen. Dabei können Stromfläche und Polstärke nur in ihren magnetischen Wirkungen nach außen als spezielle Einzelmerkmale einander entsprechen. In hinreichender Entfernung sind nur die Magnetfelder eines Permanentmagneten und einer entsprechenden Stromschleife gegenseitig ersetzbar, also nicht voneinander zu unterscheiden und damit auch im strengen Sinne gleich. Das magnetische Moment m_p eines Stabmagneten und das magnetische Moment m_s eines ebenen Stromkreises sind dagegen verschiedene Einzelmerkmale der beiden Gesamtanordnungen. Hinsichtlich des magnetischen Verhaltens von Stabmagnet und Stromschleife sind die definierten Größen m_p und m_s die einander *entsprechenden* Begriffe für zwei verschiedenartige Gesamtanordnungen, d.h. $m_p \sim m_s$ oder $pl \sim IA$ und $pl = kIA$, mit k als Proportionalitätsfaktor. Somit bleiben p und $\boldsymbol{B}$ in Gl. (3.6) weiterhin unbestimmt.
Aus den bisherigen Betrachtungen der Naturvorgänge ließ sich kein funktioneller Zusammenhang zwischen magnetischen und elektrischen Größen ermitteln, der die Ableitung einer magnetischen Größe eindeutig und willkürfrei aus elektrischen Größen unter Verwendung eines Gleichheitszeichens zuläßt. Somit verbleibt nur noch die Annahme einer unabhängigen magnetischen Basisgröße. Der Dualismus

ruhende Ladungen – elektrische Feldgrößen

bewegte Ladungen – magnetische Feldgrößen,

der die ganze Elektrodynamik durchzieht, wird dadurch nicht betroffen. Dieser Dualismus, der eine gewisse Parallelität in der Darstellung der elektrischen und magnetischen Erscheinungen gestattet, bleibt somit auch *ohne* Gleichsetzung elektrischer und magnetischer Größen bestehen. Er kann aber ebenso wie alle sonstigen mehr oder weniger formalen Symmetrien nicht über die Verschiedenheit des elektrischen und magnetischen Feldes hinwegtäuschen. Das zeigt sich insbesondere am elektrostatischen und am magnetostatischen Feld. Diese beiden Felder sind völlig unabhängig voneinander und selbständig existenzfähig.
Die Forderung nach einer magnetischen Basisgröße ist bereits von verschiedenen Autoren gestellt worden. So war es bereits *J. C. Maxwell*, der in seiner berühmten „Treatise of Electricity und Magnetism", Art. 621–623, auf Grund einer Dimensionsbetrachtung die Notwendigkeit unabhängiger Einheiten allerdings *entweder* nur für die elektrische Ladung *oder* nur für die magnetische Polstärke feststellt. Als erster war es dann wohl *Helmholtz**), der bereits eine elektrische *und* eine magnetische Basisgröße („Quantum der Elektrizität" und

*) Wied. Ann. 17 (1882) S. 49–50

„Quantum des Magnetismus") für notwendig erklärte. Später fordert u. a. *P. Kalantaroff* [14], daß zur Beschreibung der Elektrodynamik neben Q auch der magnetische Fluß Φ bei allerdings insgesamt vier unabhängigen Grundgrößen gewählt werden soll. Das so erhaltene Vierersystem wurde dann von *G. Oberdorfer* [20] als „Natürliches Maßsystem" bezeichnet. Ferner waren es insbesondere *R. Fleischmann* [5 bis 9] und *H. Schönfeld* [23], die eine magnetische Basisgröße forderten, wobei *R. Fleischmann* ebenso wie bereits *E. Cohn* [1] zur Beschreibung der Elektrodynamik ein Fünfersystem, *H. Schönfeld* dagegen ein Sechsersystem für notwendig halten. Nachdem in diesem Abschnitt gezeigt wurde, daß die Annahme einer magnetischen Basisgröße zur Beschreibung der Elektrodynamik notwendig ist, soll hierfür der magnetische Fluß Φ gewählt werden. Mit dieser Wahl entfällt die Notwendigkeit einer Unterscheidung zwischen „Spulenpol" und „Magnetpol", womit die Einführung des Begriffes der Polstärke überflüssig wird. Grundsätzlich ist es natürlich gleichgültig, welche magnetische Größe zur unabhängigen Grundgröße (Basisgröße) erklärt wird, der magnetische Fluß Φ ist aber in Analogie zum elektrischen Fluß $\Psi = Q$ als Repräsentant aller magnetischen Erscheinungen besonders gut geeignet. Beide Größen Q und Φ lassen auch den doch sehr wesentlichen physikalischen Unterschied der elektrischen und magnetischen Felder und ihre Eigenschaften deutlich erkennen.
Mit der Wahl einer magnetischen Basisgröße können alle magnetischen Größen ausschließlich aus magnetischen Erscheinungen abgeleitet werden, womit auch das magnetostatische Feld erfaßt wird. Gleichzeitig wird man dann unabhängig von der Ampèreschen Hypothese, wenn auch vieles für sie und nur wenig gegen sie spricht. Die Ampèresche Hypothese kann aber weder eindeutig bewiesen und noch viel weniger eindeutig widerlegt werden. Die Wahl einer magnetischen Basisgröße läßt sie unberührt, bedeutet aber auch *nicht* etwa, daß Elektrizität und Magnetismus wesensverschiedene Erscheinungen sind; sie sind nur nicht das Gleiche. Elektrisches und magnetisches Feld sind mit Ausnahme der statischen Felder stets miteinander eng verkettet, elektrischer Fluß und magnetischer Fluß sind dabei lediglich zwei verschiedene Einzelmerkmale ein und derselben Gesamterscheinung, die man als Elektromagnetismus bezeichnet. Beide Felder gehören zusammen wie Blitz und Donner in einem Gewitter. Siehe auch Kapitel 5.2.

3.2 Ableitung der magnetischen Feldgrößen

Nach Wahl des magnetischen Flusses Φ als unabhängige magnetische Grundgröße (Basisgröße) erscheint dieser als eine von der Natur unmittelbar gegebene, nicht weiter ableitbare Größe, die keiner Definition fähig ist. Der magnetische Fluß ist Repräsentant aller magnetischen Erscheinungen, so daß zu deren Beschreibung von diesem auszugehen ist. Im Feldlinienmodell der Faraday-Maxwellschen Feldtheorie wird Φ durch die Gesamtheit der Feldlinien symbolisiert. Somit erfüllt Φ den Raum, gleichgültig ob leer oder mit Materie angefüllt; er verläuft dabei in Bahnen, die stets in sich geschlossen

sind und den sogenannten magnetischen Kreis bilden, in Analogie zu einem elektrischen Stromkreis. Am Nordpol eines Magneten oder einer entsprechenden stromdurchflossenen Spulenanordnung tritt der Fluß aus, am Südpol tritt er wieder ein, um sich innerhalb des Magneten bzw. um die stromdurchflossene Leiteranordnung zu schließen.
Als Kennzeichen für die Stärke eines den Raum erfüllenden magnetischen Feldes definiert man die magnetische Feldstärke $\boldsymbol{H}$ als Kraft auf den *Nordpol* eines *punktförmig* gedachten verschwindend kleinen Polgebietes mit dem austretenden Fluß Φ, das in den vom magnetischen Feld erfüllten Raum gebracht wird, also:

$$\boldsymbol{H}=\frac{\boldsymbol{F}}{\Phi}. \tag{3.7}$$

Das ist zunächst eine rein formale, mehr gedankliche Definition, die eine einwandfreie Messung von $\boldsymbol{H}$ kaum ermöglicht.
Die magnetische Feldstärke ist als linienbezogene vektorielle Ortsfunktion ein dreidimensionaler Monovektor und, wie in Kapitel 1.4 gezeigt wurde, eine Intensitätsgröße. Im magnetostatischen Feld beschreibt $\boldsymbol{H}$ ein wirbelfreies Feld, ebenso wie im zeitlich konstanten elektromagnetischen Feld außerhalb elektrischer Ströme. Es ist dann:

$$\oint \boldsymbol{H}\,\mathrm{d}\boldsymbol{s}=0; \quad \operatorname{rot} \boldsymbol{H}=0, \tag{3.8}$$

oder

$$\boldsymbol{H}=-\operatorname{grad} \psi, \tag{3.9}$$

wobei ψ als Ortsfunktion das skalare magnetische Potential und ebenfalls eine Intensitätsgröße ist. Schließlich kann man noch in Analogie zu Gl. (2.7) als magnetische Spannung zwischen zwei Raumpunkten (1) und (2) die skalare Intensitätsgröße

$$V_m=V_{12}=\int_1^2 \boldsymbol{H}\,\mathrm{d}\boldsymbol{s} \tag{3.10}$$

als magnetische Spannung einführen.
Oft wird die magnetische Feldstärke auf rechnerischem Wege ermittelt, wogegen der magnetische Fluß Φ im allgemeinen leicht gemessen werden kann. Man führt daher in Analogie zum elektrischen Feld als zweite vektorielle magnetische Feldgröße die magnetische Flußdichte $\boldsymbol{B}$ ein, definiert als der auf die Fläche $\boldsymbol{A}$ bezogene magnetische Fluß durch diese Fläche. Dann ist

$$\Phi=\int \boldsymbol{B}\,\mathrm{d}\boldsymbol{A}=\int B \cos \alpha\,\mathrm{d}A \tag{3.11}$$

der Fluß durch eine beliebig zur Feldrichtung orientierte Fläche, mit α als Winkel zwischen Flächennormale und Feldrichtung. Als flächenbezogene vektorielle Ortsfunktion ist die magnetische Flußdichte $\boldsymbol{B}$ ein dreidimensionaler Bivektor und, wie in Kapitel 1.4 gezeigt wurde, ebenso wie die elektrische Flußdichte und der magnetische Fluß eine Quantitätsgröße. Die Flußdichte beschreibt das Feld in dem vom zugehörigen magnetischen Fluß erfüllten Raum, während die magnetische Feldstärke in Gl. (3.7) die Stärke eines Fremdfeldes ist.
Da der magnetische Fluß stets längs in sich geschlossenen Bahnen verläuft, muß gelten

$$\oint \boldsymbol{B}\,\mathrm{d}\boldsymbol{A} = 0; \quad \mathrm{div}\,\boldsymbol{B} = 0, \tag{3.12}$$

so daß man ein magnetisches Vektorpotential $\boldsymbol{A}_m$ einführen kann, indem man setzt

$$\boldsymbol{B} = \mathrm{rot}\,\boldsymbol{A}_m, \tag{3.13}$$

da die Divergenz eines Rotors notwendig verschwindet. Das magnetische Vektorpotential ist demnach ein dreidimensionaler Monovektor und ebenfalls eine Quantitätsgröße. Zur eindeutigen Festlegung des Vektorpotentials kann ihm in statischen und quasistatischen Feldern mit Hilfe eines dreidimensionalen Dualübergangs die Nebenbedingung

$$\mathrm{div}\,\boldsymbol{A}_m^* = 0 \tag{3.14}$$

auferlegt werden, die bei der Wellenausbreitung (schnell veränderliche Felder) im allgemeinen durch die sogenannte Lorentz-Konvention oder eine andere Nebenbedingung ersetzt wird [30].
Für den magnetischen Fluß erhält man mit Gl. (3.13) unter Anwenden des Stokesschen Satzes

$$\Phi = \int \mathrm{rot}\,\boldsymbol{A}_m\,\mathrm{d}\boldsymbol{A} = \oint \boldsymbol{A}_m\,\mathrm{d}\boldsymbol{s}, \tag{3.15}$$

was eine einfache physikalische Deutung des Vektorpotentials in Kapitel 3.4 gestatten wird.

3.3 Verknüpfung der magnetischen Feldgrößen

Der Zusammenhang zwischen den beiden Feldgrößen $\boldsymbol{H}$ und $\boldsymbol{B}$ kann nur durch Naturbeobachtung ermittelt werden. Dabei ergibt der experimentelle Befund, daß in linearen und isotropen Medien $\boldsymbol{B} \sim \boldsymbol{H}$. Man setzt daher im materiefreien Raum

$$\boldsymbol{B} = \mu_0 \boldsymbol{H}^*,$$

was wieder einen dreidimensionalen Dualübergang $\boldsymbol{H} \rightarrow \boldsymbol{H}^*$ erfordert. Allgemein ist dann

$$\boldsymbol{B} = \mu \boldsymbol{H}^*, \tag{3.16}$$

wobei in Analogie zu Gl. (2.18)

$$\mu = \mu_0 \mu_r \tag{3.17}$$

die (absolute) *Permeabilität* der den betrachteten Raum ausfüllenden Substanz ist. Der eigentliche Proportionalitätsfaktor μ_0 ist eine echte Naturkonstante, die *magnetische Feldkonstante*. Der Faktor μ_r heißt relative Permeabilität und gibt an, um wieviel μ größer oder kleiner als μ_0 ist. Im übrigen gilt für μ_r das in Kapitel 2.2 für ε_0 Gesagte entsprechend. Auch kann μ_r richtungsabhängig sein, dann wird μ_r zu einem Tensor.
Oft ist es zweckmäßig, bei Anwesenheit von Materie zu setzen

$$\boldsymbol{B} = \mu_0 (\boldsymbol{H}^* + \boldsymbol{M}^*) = \mu_0 \boldsymbol{H}^* + \boldsymbol{J}_m, \tag{3.18}$$

was ebenfalls dreidimensionale Dualübergänge $\boldsymbol{H} \rightarrow \boldsymbol{H}^*$ und $\boldsymbol{M} \rightarrow \boldsymbol{M}^*$ erfordert. Der Monovektor $\boldsymbol{M}$ heißt *Magnetisierung* und der Bivektor $\boldsymbol{J}_m$ magnetische Polarisation; $\boldsymbol{M}$ ist eine Intensitätsgröße und $\boldsymbol{J}_m$ eine Quantitätsgröße. Im materiefreien Raum ist $\boldsymbol{M} = 0$ und $\boldsymbol{J}_m = 0$.
Setzt man noch im homogenen Feld für eine Fläche senkrecht zur Feldrichtung ohne Kennzeichnung von Dualübergängen

$$\Phi = \boldsymbol{B}\boldsymbol{A} = \mu H A = \mu \frac{A H l}{l},$$

so wird wegen Gl. (3.10)

$$\Phi = \frac{V_m}{R_m}. \tag{3.19}$$

Das ist das „Ohmsche Gesetz des Magnetismus“ mit

$$R_m = \frac{l}{\mu A} \tag{3.20}$$

als magnetischer Widerstand in Analogie zu Gl. (2.21 a).
Zur Berechnung der Energiedichte eines nur von einem magnetischen Feld erfüllten Raumteils soll das Volumen $V = lA$ eines Luftspaltes innerhalb eines Eisenkreises betrachtet werden. Der Luftspalt soll dabei so klein angenommen werden, daß das Feld im Luftspalt als durchweg homogen gelten kann. Man denkt sich nun eine Polfläche A mit dem senkrecht austretenden Fluß Φ als

ein in das Feld gebrachtes ausgedehntes Polgebiet und setzt daher nach Gl. (3.7) für die gegenseitige Anziehungskraft $\boldsymbol{F}$ zwischen beiden Polen:

$$\boldsymbol{F} = \int_0^{\Phi} \boldsymbol{H}\,\mathrm{d}\Phi.$$

Nun ist aber im vorliegenden Fall der durch beide Polflächen hindurchtretende magnetische Fluß ein und derselbe, d.h. das Feld ist nicht wie in Gl. (3.7) für das Polgebiet ein Fremdfeld. Vielmehr gilt jetzt unter Beachtung der vorausgesetzten Homogenität, wenn auf die Kennzeichnung der Dualübergänge verzichtet wird,

$$H = \frac{B}{\mu_0} = \frac{\Phi}{\mu_0 A}.$$

Damit wird aber die magnetische Energie im Luftspalt je Volumen V

$$w_m = \frac{\boldsymbol{F}\boldsymbol{l}}{V} = \frac{1}{\mu_0 A^2} \int_0^{\Phi} \Phi\,\mathrm{d}\Phi = \frac{1}{2}\,\frac{\Phi^2}{\mu_0 A^2}$$

oder in Analogie zu Gl. (2.26) bei $\mu = \text{const.}$

$$w_m = \frac{1}{2}\,\boldsymbol{H}\boldsymbol{B} = \frac{\mu}{2}\,\boldsymbol{H}^2 = \frac{1}{2}\,V_m \Phi \tag{3.21}$$

und allgemein

$$w_m = \int \boldsymbol{H}\,\mathrm{d}\boldsymbol{B}. \tag{3.22}$$

Wie erforderlich, ist das ein als Skalar deklarierter dreidimensionaler Trivektor und ein Produkt aus Intensitätsgröße und Quantitätsgröße.
Damit hat man die wichtigsten Größen des magnetischen Feldes erhalten. Die abgeleiteten Beziehungen gelten unabhängig davon, ob die Magnetfelder durch Dauermagnete oder durch entsprechende stromdurchflossene Leiteranordnungen hervorgerufen werden. Die Frage, ob die Ampèresche Hypothese als gültig oder als nicht gültig angesehen werden soll, bleibt unberührt.
Benötigt wurde ein Erfahrungssatz (Naturgesetz), Gl. (3.16), der als Proportionalitätsfaktor die magnetische Feldkonstante μ_0 als Naturkonstante ergab. Damit lautet das zusammengefaßte Ergebnis der beiden letzten Abschnitte:

Ausgehend von einer unabhängigen magnetischen Grundgröße genügt zur Ableitung aller weiteren magnetischen Feldgrößen ein Erfahrungssatz, der die beiden Feldgrößen $\boldsymbol{H}$ *und* $\boldsymbol{B}$ *miteinander verknüpft und die Naturkonstante* μ_0 *ergibt.*

Die magnetische Feldkonstante μ_0 dient als magnetische Naturkonstante zur Verknüpfung von magnetischen mit magnetischen Größen; sie bildet einen Quotienten aus Quantitätsgröße und Intensitätsgröße.

3.4 Deutung und kritische Betrachtung der Ergebnisse

Zu Beginn dieses Kapitels wurde die enge Verbindung der elektrischen und magnetischen Erscheinungen betont, dennoch wurden die magnetischen Größen für sich und losgelöst von den elektrischen Erscheinungen abgeleitet. Dieses war notwendig, um zunächst eine Kennzeichnung von Einzelmerkmalen des elektromagnetischen Feldes vorzunehmen.
Hierzu mußten die *erkennbaren* elektrischen und magnetischen Wirkungen des elektromagnetischen Feldes überhaupt erst erfaßt und einzeln betrachtet werden. Nochmals sei jedoch ausdrücklich betont, daß die magnetischen und elektrischen Erscheinungen *nicht* etwas Wesensfremdes darstellen. Elektrische und magnetische Erscheinungen sind lediglich verschiedene Einzelmerkmale ein und desselben Naturphänomens, eines Teilgebäudes der gesamten Naturvorgänge mit zwei Seiten, einer elektrischen und einer magnetischen Seite. Wären es nicht *verschiedene* Merkmale, so wäre es überhaupt nicht möglich, *zwei* Seiten zu erkennen. Schon die Tatsache, daß auf eine ruhend erscheinende elektrische Ladung im elektrischen Feld in jedem Fall eine Kraft ausgeübt wird, dagegen nicht in einem magnetischen Feld z.B. in der Umgebung eines ebenfalls ruhend erscheinenden Magneten, beweist bereits, daß die Erscheinungen des Elektromagnetismus „zwei verschiedene Seiten“ haben.
Ebenso wie im elektrischen Feld erhielt man auch im magnetischen Feld zwei Feldvektoren, den Monovektor der magnetischen Feldstärke $\boldsymbol{H}$ und den Bivektor der magnetischen Flußdichte $\boldsymbol{B}$. Beide sind durch Gl. (3.16) miteinander verbunden, was ebenso wie im elektrischen Feld einen dreidimensionalen Dualübergang erfordert (Kapitel 5.2). Die Permeabilität μ kann dabei wegen Gl. (3.19) und Gl. (3.20) als „magnetische Leitfähigkeit“ für den magnetischen Fluß Φ gedeutet werden. Das magnetische Vektorpotential $\boldsymbol{A}_m$ bedeutet schließlich nach Gl. (3.15) den magnetischen Ringfluß, bezogen auf einen geschlossenen Linienzug, den er ihm folgend umgibt.
Nicht zu übersehen ist die durch die Wahl von Q und Φ als elektrische bzw. magnetische Basisgrößen bedingte auffallende Analogie im Aufbau der elektrischen und magnetischen Felder. Im wesentlichen erhält man folgende Gegenüberstellung:

Elektrische Ladung (Elektrischer Fluß) Q	Magnetischer Fluß Φ
Elektrische Feldstärke $\boldsymbol{E}$	Magnetische Feldstärke $\boldsymbol{H}$
Elektrische Feldkonstante ε_0	Magnetische Feldkonstante μ_0
Elektrische Flußdichte $\boldsymbol{D}$	Magnetische Flußdichte $\boldsymbol{B}$

Jedoch darf diese rein formale Symmetrie in keinem Fall überbewertet werden.

Bereits die beiden Beziehungen

$$\operatorname{div} \boldsymbol{D} = \varrho; \quad \operatorname{div} \boldsymbol{B} = 0$$

lassen die z.T. sehr erhebliche Verschiedenheit beider Felder erkennen, die nach Betrachtung ihrer gegenseitigen Verkettung trotz des andererseits zu Tage tretenden Dualismus noch deutlicher erkennbar werden wird. Diese Verschiedenheit beider Felder demonstrieren bereits ihre beiden Repräsentanten Q und Φ:

Die elektrische Ladung Q (Fluß auf der Oberfläche eines Ladungsträgers) ist eine „wahre" Ladung und bildet Quellpunkte des elektrischen Feldes.

Dagegen gilt:

Den elektrischen Ladungen entsprechende voneinander trennbare „wahre magnetische Ladungen" sind unbekannt. Stets erhält man magnetische Dipole.

Nur im Fall eines hinreichend langen Stabmagneten ist es zulässig, in der Umgebung eines Magnetpols die Wirkung des anderen zu vernachlässigen und für theoretische Betrachtungen von einem einzigen Magnetpol oder Polgebiet zu sprechen. Somit erscheint auch der Begriff der Polstärke p als überholt, da er die Einführung einer fiktiven „magnetischen Menge" verlangt. So braucht es nicht zu verwundern, wenn im Schrifttum Größen ganz verschiedener Dimension unter der Bezeichnung Polstärke definiert werden. Es ist z.B. in Gl. (3.6) p eine Größe, gegeben durch

$$p = \frac{\text{Stromstärke} \cdot \text{Fläche}}{\text{Länge}},$$

während p nach Gl. (3.3), wegen Gl. (3.7), mit dem magnetischen Fluß Φ dimensionsgleich ist.
Zu dieser letzten Polstärke kommt man, wenn man die Gesamtheit der an einem Ende eines Stabmagneten befindlichen „fiktiven magnetischen Mengen" mit einem dreidimensionalen Dualübergang $\boldsymbol{H} \rightarrow \boldsymbol{H}^*$ definiert als

$$p = \mu_0 \int_V \operatorname{div} \boldsymbol{H}^* \, \mathrm{d}V = \mu_0 \oint \boldsymbol{H}^* \, \mathrm{d}\boldsymbol{A}.$$

Mit dieser Definition wird aber eine Unterscheidung zwischen „Magnetpol" und „Spulenpol" vorgenommen, was wegen der Unmöglichkeit der Unterscheidung zwischen dem magnetischen Feld eines Dauermagneten und dem magnetischen Feld einer entsprechenden stromdurchflossenen Leiteranordnung unzweckmäßig ist.

Faßt man das Ergebnis der bisherigen Betrachtungen zusammen, so wurden zur Einführung der elektrischen und magnetischen Feldgrößen zwei Erfahrungssätze als dreidimensionale Dualübergänge

$$\boldsymbol{D} = \varepsilon \boldsymbol{E}^*; \quad \boldsymbol{B} = \mu \boldsymbol{H}^*$$

mit den darin enthaltenen beiden Naturkonstanten ε_0 und μ_0 benötigt, von denen ε_0 eine *elektrische* und μ_0 eine *magnetische* Naturkonstante ist. Man kann daher vermuten, daß zur Beschreibung des Zusammenwirkens von elektrischen und magnetischen Erscheinungen die Heranziehung eines weiteren Erfahrungssatzes notwendig sein wird, der eine dritte, *elektromagnetische* Naturkonstante ergibt.

4 Die Verkettung der elektrischen und magnetischen Felder

Ein Erfahrungssatz führt zur Verkettung der elektrischen und magnetischen Felder und ergibt die elektromagnetische Feldkonstante. Als zusammenfassende Beschreibung der elektromagnetischen Erscheinung im Makrokosmos werden die Maxwellschen Feldgleichungen in affin- und systeminvarianter Form sowie aus der Sicht der Elementarstromtheorie und der Mengentheorie angegeben und erläutert. Die Feldkonstanten werden diskutiert.

4.1 Die Maxwellschen Feldgleichungen

Der vollständige Befund der experimentellen Untersuchungen in geeigneten Medien verschiedener Permeabilität μ für den Betrag F der Kraft auf einen sich mit der Geschwindigkeit v relativ zum Bezugssystem bewegenden Ladungsträger der Ladung Q (Punktladung), wenn α der Winkel zwischen Geschwindigkeits- und Feldrichtung ist, wurde bereits in Gl. (3.5a) angegeben und lautete

$$F \sim BQv \sin \alpha$$

oder, wenn man den erforderlichen Proportionalitätsfaktor k einführt und wenn auch im folgenden zunächst noch der erforderliche dreidimensionale Dualübergang unberücksichtigt bleibt,

$$F = kBQv \sin \alpha; \quad \boldsymbol{F} = kQ(\boldsymbol{v} \times \boldsymbol{B}).$$

Im Gaußschen CGS-System wird $k = c_0$, also gleich der Vakuumlichtgeschwindigkeit, weil in diesem System willkürlich $\varepsilon_0 = \mu_0 = 1$ gesetzt wird, wie noch gezeigt wird.
Setzt man nach *R. Fleischmann* [9] $k = 1/\gamma_0$, so erhält man ein Fünfersystem, in dem die magnetische Feldkraft (Lorentzkraft) auf für einen Beobachter bewegt erscheinenden Träger der Ladung Q bei Berücksichtigung des erforderlichen dreidimensionalen Dualübergangs $\boldsymbol{B} \to \boldsymbol{B}^*$ lautet

$$\boldsymbol{F} = Q \frac{\boldsymbol{v} \times \boldsymbol{B}^*}{\gamma_0}; \quad F = Qv \frac{B \sin \alpha}{\gamma_0}, \tag{4.1}$$

mit γ_0 als elektromagnetische Verkettung oder *elektromagnetische Feldkonstante*. In der üblichen Schreibweise des sich aus vier Basisgrößen aufbauenden Vierersystems wird $\gamma_0 = 1$ gesetzt und deshalb in den Gleichungen weggelassen. Man erhält daher im Vierersystem mit $\boldsymbol{B} \to \boldsymbol{B}^*$:

$$\boldsymbol{F} = Q(\boldsymbol{v} \times \boldsymbol{B}^*); \quad F = QvB \sin\alpha.$$

Setzt man noch

$$Qv = Q\,\frac{\mathrm{d}l}{\mathrm{d}t} = I\,\mathrm{d}l,$$

so erhält man aus Gl. (4.1) für die Kraft auf lineare Stromleiter im zeitlich konstanten Magnetfeld:

$$\boldsymbol{F} = I\,\frac{\boldsymbol{l} \times \boldsymbol{B}^*}{\gamma_0}; \quad F = Il\,\frac{B \sin\alpha}{\gamma_0}. \tag{4.2}$$

Die im elektromagnetischen Feld insgesamt auf einen Träger der Ladung Q (Punktladung) ausgeübte sogenannte *Coulomb-Lorentz-Kraft* beträgt demnach mit Gl. (2.3):

$$\boldsymbol{F} = Q\left(\boldsymbol{E} + \frac{\boldsymbol{v} \times \boldsymbol{B}^*}{\gamma_0}\right); \tag{4.3}$$

sie verlangt wegen der Verkettung elektrischer und magnetischer Größen von verschiedenem Vektorgrad einen dreidimensionalen Dualübergang $\boldsymbol{B} \rightarrow \boldsymbol{B}^*$; vergleiche Kapitel 4.3.

Nun soll noch ein ladungsfreier und materiefreier Raum betrachtet werden, in dem ein relativ zum Bezugssystem ruhender Beobachter ein homogenes und zeitlich konstantes Magnetfeld der Flußdichte B mißt. Für diesen Beobachter (1) soll ferner $E = 0$ sein, dagegen wird für ihn auf einen Träger der Ladung Q, der in den betrachteten Raum mit der Geschwindigkeit v senkrecht zur Feldrichtung einfliegt, nach Gl. (4.3) die Lorentzkraft

$$\boldsymbol{F} = Q\,\frac{\boldsymbol{v} \times \boldsymbol{B}^*}{\gamma_0} \quad \text{oder} \quad F = Q\,\frac{vB}{\gamma_0}$$

ausgeübt. Für einen Beobachter (2), der mit dem Ladungsträger mitbewegt wird, ist $v = 0$; er mißt aber die gleiche Kraft F, ausgeübt auf einen für ihn ruhend erscheinenden Ladungsträger. Beobachter (2) wird daher diese Kraft als elektrische Feldkraft nach Gl. (2.3)

$$\boldsymbol{F} = Q\boldsymbol{E}$$

deuten: er muß demnach dem Raum ein elektrisches Feld der Stärke

$$\boldsymbol{E} = \frac{\boldsymbol{v} \times \boldsymbol{B}^*}{\gamma_0} \tag{4.4}$$

zuordnen, womit die Feldkonstante γ_0 als Quotient aus Quantitätsgröße und Intensitätsgröße ausgewiesen wird.
Für Beobachter (1) ist die Energiedichte des felderfüllten Raumes nach Gl. (3.21)

$$w = w_m = \frac{1}{2} \mu_0 H^2 = \frac{1}{2} \frac{B^2}{\mu_0}$$

und für Beobachter (2) nach Gl. (2.26)

$$w = w_e = \frac{1}{2} \varepsilon_0 E^2.$$

Erreicht v die Vakuumlichtgeschwindigkeit c_0 als Grenzgeschwindigkeit, so müssen beide Beobachter dem Raum den gleichen Wert $w_m = w_e$ zuordnen. Dann ist

$$\varepsilon_0 E^2 = \frac{c_0^2 \varepsilon_0 \mu_0}{\gamma_0^2} \mu_0 H^2 = \mu_0 H^2$$

oder

$$\frac{c_0^2 \varepsilon_0 \mu_0}{\gamma_0^2} = 1.$$

Somit erhält man für die elektromagnetische Feldkonstante

$$\gamma_0^2 = c_0^2 \varepsilon_0 \mu_0, \tag{4.5}$$

womit γ_0 als Naturkonstante erkannt ist. Auf Grund der international festgelegten Werte für ε_0 und μ_0 hat die Konstante γ_0 den Zahlenwert 1. Auf die Dimension und Einheit von γ_0 wird erst in Kapitel 6.1 eingegangen werden. Im Vierersystem wird $\gamma_0 = 1$ sowie nach Gl. (4.5) zu einer unbenannten Zahl und daher weggelassen. Gl. (4.5) entnimmt man auch, daß γ_0, wie bereits erkannt, ebenso wie die beiden Feldkonstanten ε_0 und μ_0 ein Quotient aus Quantitätsgröße durch Intensitätsgröße ist (Kapitel 4.3). Ferner erhält man aus Gl. (4.4) und Gl. (4.5), wenn Geschwindigkeits- und Feldrichtung einen Winkel von 90° bilden,

$$E = \frac{vB}{\gamma_0} = \frac{v}{c_0} \sqrt{\frac{\mu_0}{\varepsilon_0}} H$$

oder bei $v = c_0$

$$E = \sqrt{\frac{\mu_0}{\varepsilon_0}} H = Z_0 H, \tag{4.6}$$

wobei

$$Z_0 = \sqrt{\frac{\mu_0}{\varepsilon_0}} = \frac{c_0 \mu_0}{\gamma_0} = \frac{\gamma_0}{c_0 \varepsilon_0} \tag{4.7}$$

der Feldwellenwiderstand (Wellenwiderstand) des materiefreien Raumes ist. Schließlich soll noch nach **Bild 4.1** eine sich im materiefreien Raum in z-Richtung mit der Lichtgeschwindigkeit c_0 ausbreitende Feldänderung bei $E = E_x$ und $H = H_y$ (homogene ebene Welle [30]) betrachtet werden, für die

$$\frac{\partial}{\partial x} = \frac{\partial}{\partial y} = 0; \quad \mathrm{d}z = c_0 \, \mathrm{d}t.$$

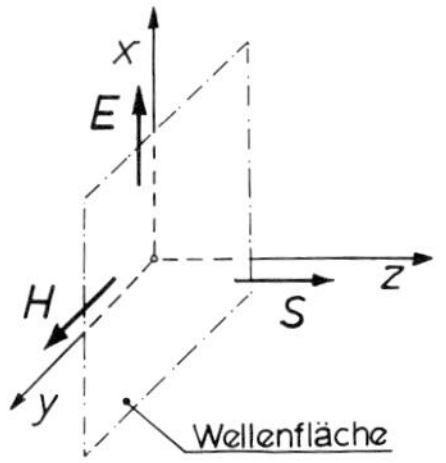

Bild 4.1. Homogene ebene elektromagnetische Welle

Mit einer solchen elektromagnetischen Welle wird Energie transportiert, deren räumliche Dichte sich nach Gl. (2.26) und Gl. (3.21) zusammensetzt aus:

$$w = \frac{1}{2} (\varepsilon_0 E^2 + \mu_0 H^2). \tag{4.8}$$

Die Flächendichte der mit der Welle transportierten elektromagnetischen Energie, bezogen auf eine Fläche senkrecht zur Fortpflanzungsrichtung (Wellenfläche), ist dann unter Beachtung von Gl. (4.5) und Gl. (4.6):

$$\frac{1}{2} (\varepsilon_0 E^2 + \mu_0 H^2) \, c_0 \, \mathrm{d}t = \varepsilon_0 E^2 c_0 \, \mathrm{d}t = \gamma_0 Z_0 E^2 \, \mathrm{d}t = \gamma_0 E H \, \mathrm{d}t.$$

Nach Bild 4.1 kann man das Produkt EH in linearen und isotropen Medien als Betrag des Vektorprodukts $\boldsymbol{E} \times \boldsymbol{H}$ ansehen. Man bezeichnet dann

$$\boldsymbol{S} = \gamma_0 (\boldsymbol{E} \times \boldsymbol{H}) \tag{4.9}$$

als *Poynting-Vektor*; er beschreibt die Energieströmung und gibt die Leistung an, die durch eine Wellenfläche hindurchgeht. Als Produkt aus zwei Mono-

vektoren ist $\boldsymbol{S}$ eine flächenbezogene vektorielle Ortsfunktion und daher ein Bivektor sowie als Energiegröße, wie erforderlich, wegen des Faktors γ_0 ein Produkt aus Intensitäts- und Quantitätsgröße.
Nun soll noch ein felderfüllter Raumteil innerhalb eines linearen und isotropen Mediums mit den überall konstanten Materialwerten ε, μ und κ betrachtet werden. Innerhalb dieses Raumteils sollen keine Energiequellen vorhanden sein. Das Hüllenintegral des Poynting-Vektors, erstreckt über die gesamte Oberfläche des Raumteils vom Volumen V, ergibt dann die gesamte durch die Oberfläche des Raumteils ein- oder austretende Energieströmung. Die Abnahme der elektromagnetischen Feldenergie innerhalb des Raumteils muß daher gleich sein der aus dem Raumteil austretenden elektromagnetischen Energie vermehrt um die infolge der elektrischen Leitfähigkeit des Mediums innerhalb des Raumteils in Wärme umgewandelten und nach außen abgestrahlten Energie. Man erhält daher als Energiebilanz:

$$-\int \frac{\partial w}{\partial t}\,\mathrm{d}V = \oint \boldsymbol{S}\,\mathrm{d}\boldsymbol{A} + \int \boldsymbol{E}\boldsymbol{J}\,\mathrm{d}V.$$

Nach Gl. (2.26) und Gl. (3.21) ist hierbei:

$$\frac{\partial w}{\partial t} = \frac{1}{2}\frac{\partial}{\partial t}(\boldsymbol{E}\boldsymbol{D} + \boldsymbol{H}\boldsymbol{B}) = \boldsymbol{E}\frac{\partial \boldsymbol{D}}{\partial t} + \boldsymbol{H}\frac{\partial \boldsymbol{B}}{\partial t}$$

und unter Beachtung des Gaußschen Integralsatzes:

$$\oint \boldsymbol{S}\,\mathrm{d}\boldsymbol{A} = \int \operatorname{div}\boldsymbol{S}\,\mathrm{d}V = \gamma_0 \int \operatorname{div}(\boldsymbol{E}\times\boldsymbol{H})\,\mathrm{d}V.$$

Ferner ist

$$\operatorname{div}(\boldsymbol{E}\times\boldsymbol{H}) = \boldsymbol{H}\operatorname{rot}\boldsymbol{E} - \boldsymbol{E}\operatorname{rot}\boldsymbol{H}.$$

Man erhält daher:

$$\int\limits_V \left(\boldsymbol{E}\frac{\partial \boldsymbol{D}}{\partial t} + \boldsymbol{H}\frac{\partial \boldsymbol{B}}{\partial t} + \gamma_0\boldsymbol{H}\operatorname{rot}\boldsymbol{E} - \gamma_0\boldsymbol{E}\operatorname{rot}\boldsymbol{H} + \boldsymbol{E}\boldsymbol{J}\right)\mathrm{d}V = 0.$$

Dieses Integral muß für jedes beliebige Volumen verschwinden, so daß der Integrand verschwinden muß. Das ergibt:

$$\boldsymbol{E}\left(\frac{\partial \boldsymbol{D}}{\partial t} + \boldsymbol{J} - \gamma_0\operatorname{rot}\boldsymbol{H}\right) + \boldsymbol{H}\left(\frac{\partial \boldsymbol{B}}{\partial t} + \gamma_0\operatorname{rot}\boldsymbol{E}\right) = 0.$$

Da sich ferner erfahrungsgemäß elektromagnetische Felder in Räumen der betrachteten Art linear überlagern, müssen die Feldgleichungen in $\boldsymbol{E}$ und $\boldsymbol{H}$ linear und homogen sein. Es müssen dann aber die beiden Klammerausdrücke je für sich verschwinden, so daß man erhält:

$$\begin{aligned} \gamma_0 \operatorname{rot} \boldsymbol{H} &= \frac{\partial \boldsymbol{D}}{\partial t} + \boldsymbol{J}; \\ \gamma_0 \operatorname{rot} \boldsymbol{E} &= -\frac{\partial \boldsymbol{B}}{\partial t}. \end{aligned} \tag{4.10}$$

Das sind die beiden *Maxwellschen Gleichungen* für relativ zum Bezugssystem ruhende Medien. Führt man noch das Vektorpotential $\boldsymbol{A}_m$ nach Gl. (3.13) ein, so erhält die zweite Feldgleichung wegen der Wirbelfreiheit des Gradienten die Form:

$$\boldsymbol{E} = -\frac{1}{\gamma_0}\frac{\partial \boldsymbol{A}_m}{\partial t} - \operatorname{grad} \varphi. \tag{4.11}$$

Die notwendige Quellenfreiheit des Bivektors rot $\boldsymbol{H}$ ergibt ferner aus der ersten Feldgleichung unmittelbar die Kontinuitätsgleichung der elektrischen Strömung Gl. (2.17):

$$\operatorname{div}\left(\frac{\partial \boldsymbol{D}}{\partial t} + \boldsymbol{J}\right) = 0,$$

oder

$$\operatorname{div} \boldsymbol{J} = -\frac{\partial \varrho}{\partial t}. \tag{4.12}$$

Die Feldgleichungen nach Gl. (4.10) beschreiben das gesamte elektromagnetische Geschehen innerhalb zum Bezugssystem ruhender Medien in makroskopischen Bereichen. Wie noch in Kapitel 6.1 gezeigt wird, sind die Gleichungen in der angegebenen Form system- bzw. einheiteninvariant. Sie sind aber auch ohne dreidimensionale Dualübergänge unabhängig von jeder Metrik, also affininvariant. Unter Beachtung, daß eine Differentiation nach der Zeit den Vektorgrad nicht ändert, stehen ferner zu beiden Seiten des Gleichheitszeichens stets Größen gleichen Vektorgrades. In Gl. (4.10) sind es Bivektoren, in Gl. (4.11) Monovektoren und in Gl. (4.12) je ein Trivektor. Nur die Erfahrungssätze zur Verknüpfung von elektrischen mit elektrischen, magnetischen mit magnetischen sowie von elektrischen mit magnetischen Feldgrößen

$$\boldsymbol{D} = \varepsilon \boldsymbol{E}^*; \qquad \boldsymbol{B} = \mu \boldsymbol{H}^*; \qquad \boldsymbol{E} = \frac{\boldsymbol{v} \times \boldsymbol{B}^*}{\gamma_0} \tag{4.13}$$

ebenso wie die als Definition in Kapitel 2.2 abgeleitete Materialgleichung Gl. (2.22)

$$\boldsymbol{J} = \kappa \boldsymbol{E}^* \tag{4.14}$$

verlangen jeweils einen dreidimensionalen Dualübergang $\boldsymbol{E} \rightarrow \boldsymbol{E}^*$, $\boldsymbol{H} \rightarrow \boldsymbol{H}^*$ und $\boldsymbol{B} \rightarrow \boldsymbol{B}^*$, womit sie an eine dreidimensionale Metrik gebunden sind. Diese Größen führen in dieser Form nur im dreidimensionalen Raum eine selbständige Existenz, den die Dualübergänge besonders kennzeichnen. In der vierdimensionalen Raum-Zeit-Welt sind sie Bestandteile vierdimensionaler Feldtensoren, dort gehören sie jeweils zwei verschiedenen Bereichen, dem Raum- oder dem Zeitbereich an (Kapitel 5.2) und können nicht ohne weiteres ineinander überführt werden, ebenso wie man etwa eine relativ zu einem vorgegebenen Koordinatensystem ruhende x-Komponente eines beliebigen Vektors nur durch eine Koordinatentransformation z.B. in eine y-Komponente überführen kann. Schließlich erhält man durch die für notwendig erkannte Einführung der elektromagnetischen Feldkonstante in allen Beziehungen zu beiden Seiten der Gleichheitszeichen stets gleichartige elektrische oder magnetische Größen als Quantitätsgrößen oder als Intensitätsgrößen. Elektromagnetische Energiegrößen erscheinen dabei stets als Produkte aus einer Intensitätsgröße und einer Quantitätsgröße (Kapitel 4.3). Wird dagegen wie im Vierersystem $\gamma_0 = 1$ und daher weggelassen, so erhält man in Gl. (4.10) auf der linken Seite Intensitätsgrößen und auf der rechten Seite Quantitätsgrößen sowie in Gl. (4.11) links eine Intensitätsgröße und rechts die Summe aus einer Quantitätsgröße und einer Intensitätsgröße.

In der Integralform lauten die Maxwellschen Feldgleichungen Gl. (4.10) mit Ψ als elektrischer Fluß und I als Leitungsstromstärke:

$$\gamma_0 \oint \boldsymbol{H} \, \mathrm{d}\boldsymbol{s} = \frac{\mathrm{d}\Psi}{\mathrm{d}t} + I; \quad \gamma_0 \oint \boldsymbol{E} \, \mathrm{d}\boldsymbol{s} = -\frac{\mathrm{d}\Phi}{\mathrm{d}t}. \tag{4.15}$$

Auf der rechten Seite steht in der ersten Feldgleichung die Gesamtheit der vom Integrationsweg umschlungenen Ströme (Verschiebungs- und Leitungsströme), in der zweiten Feldgleichung der gesamte umschlungene magnetische Fluß.

Bei N umschlungenen Stromleitern (N Windungen) bezeichnet man auch

$$\Sigma I = N I = \Theta \tag{4.16}$$

als Durchflutung und daher die erste Gleichung in Gl. (4.10) als Durchflutungsgesetz. Die zweite Gleichung ist das Induktionsgesetz.

Ist die magnetische Feldstärke längs des gesamten geschlossenen Weges s konstant und bilden beide durchweg einen Winkel von 0° bzw. 180°, so vereinfacht sich das Durchflutungsgesetz, und es wird der Betrag der Feldstärke mit $s = l$ bei Vernachlässigung des Verschiebungsstromes:

$$H = \frac{1}{\gamma_0} \frac{IN}{l} = \frac{\Theta}{\gamma_0 l}. \tag{4.16a}$$

Diese Bedingungen sind z.B. im Innern einer hinreichend langen und dünnen Zylinderspule der Länge l mit dem Spulenquerschnitt A mit guter Näherung erfüllt. Es ist dann bei $\mu = \text{const.}$ der mit den N Windungen verkettete magnetische Fluß, wenn der Verschiebungsstrom weiterhin vernachlässigt wird,

$$N\Phi = \mu \frac{N}{\gamma_0} \frac{\Theta A}{l}$$

oder

$$\frac{N}{\gamma_0} \Phi = \left(\frac{N}{\gamma_0}\right)^2 \mu \frac{A}{l} I = LI.$$

Dabei wurde gesetzt:

$$L = \frac{N}{\gamma_0} \frac{\Phi}{I}. \tag{4.17}$$

Die so definierte Induktivität L ist daher im Fünfersystem eine skalare elektrische Schaltungsgröße; sie ist ein Quotient aus Intensitäts- und Quantitätsgröße. Wird schließlich die Induktivität L in das Induktionsgesetz Gl. (4.15) eingesetzt, so erhält man bei N vom gleichen Fluß Φ umschlungenen Leiterschleifen (N Windungen)

$$\oint \boldsymbol{E} \, \mathrm{d}\boldsymbol{s} = u_i = -\frac{N}{\gamma_0} \frac{\mathrm{d}\Phi}{\mathrm{d}t} = -L \frac{\mathrm{d}i}{\mathrm{d}t} \tag{4.18}$$

und daraus

$$\Phi = -\frac{\gamma_0}{N} \int u \, \mathrm{d}t. \tag{4.19}$$

Auch die Durchflutung Θ nach Gl. (4.16) ist eine skalare elektrische Größe und eine Quantitätsgröße, im Gegensatz zur magnetischen Umlaufspannung. Nach Gl. (3.10) ist diese:

$$\mathring{V}_m = \oint \boldsymbol{H} \, \mathrm{d}\boldsymbol{s} = \frac{1}{\gamma_0} \Theta. \tag{4.20}$$

Das ist eine skalare magnetische Größe und eine Intensitätsgröße. Wird dagegen wie im Vierersystem $\gamma_0 = 1$ und daher weggelassen, so werden magnetische Umlaufspannung und elektrische Durchflutung ebenso wie magnetischer Fluß und elektrischer Spannungsstoß ein und dasselbe, da durch ein Gleichheitszeichen verbunden. Der magnetische Fluß ist dann direkt aus der elektrischen Ladung ableitbar und wird als magnetische Basisgröße überflüssig. Schließlich ist wegen

$$L \int_0^I i \, \mathrm{d}i = \frac{1}{2} L I^2$$

das Produkt aus Intensitäts- und Quantitätsgröße

$$W_e = \frac{1}{2} L I^2 = \frac{1}{2} I \frac{N\Phi}{\gamma_0} \tag{4.21}$$

diejenige Energie, die von der einen Stromkreis speisenden Zweipolquelle in Form *elektrischer* Energie aufgebracht werden muß, um das mit jedem Stromkreis verkettete Magnetfeld aufzubauen. Wegen der Äquivalenz der verschiedenen Energieformen ist diese von der Zweipolquelle abgegebene *elektrische* Energie gleich der magnetischen Energie

$$W_m = \frac{1}{2} \int \boldsymbol{H} \boldsymbol{B} \, \mathrm{d} V, \tag{4.22}$$

die in dem vom magnetischen Feld erfüllten Raum gespeichert wird, was bei konstanter Permeabilität μ und $N=1$ sowie bei Vernachlässigung des Verschiebungsstromes unmittelbar aus Gl. (4.15) mit Gl. (3.11) entnommen werden kann.

4.2 Elementarstromtheorie und Mengentheorie

Die Theorie molekularer Elementarströme geht von der Ampèreschen Hypothese aus und kennt nur elektrische Ladungen und magnetisierende Ströme; sie wird kurz Elementarstromtheorie genannt. Der Dualismus

ruhend erscheinende Ladungen – elektrische Feldgrößen,
bewegt erscheinende Ladungen – magnetische Feldgrößen

dient als Ausgangsbasis zur Beschreibung der elektromagnetischen Erscheinungen. Man erhält auf diese Weise eine oft sehr anschauliche physikalische Deutung der Feldgrößen im Sinne einer atomistischen Betrachtungsweise sowie insbesondere im Sinne der Lorentzschen Elektronentheorie. Die magnetischen Dipole der magnetisierten Materie werden in ihrer Wirkung nach außen gemäß der Ampèreschen Hypothese durch molekulare Elementarströme ersetzt. Dabei darf jedoch nicht übersehen werden, daß die Ampèresche Hypothese keineswegs elektrische und magnetische Größen notwendig einander gleich setzt. Sie besagt lediglich, daß der Magnetismus auch im Mikrobereich eine spezielle Erscheinung in der Umgebung bewegter elektrischer Ladungen, der Elementarströme, ist. Leider wurde jedoch diese Hypothese immer wieder mit der Frage nach der Notwendigkeit einer magnetischen Basisgröße gekoppelt [3], obgleich sie davon völlig unberührt bleibt, wie die Einführung der elektromagnetischen Feldkonstante γ_0 durch Gl. (4.1) bzw. Gl. (4.4) zeigt. Für die elektrisch und magnetisch polarisierte Materie gilt nach der Elementarstromtheorie Gl. (2.19) und Gl. (3.18):

$$\boldsymbol{D} = \varepsilon_0 \boldsymbol{E}^* + \boldsymbol{P}; \quad \boldsymbol{B}^* = \mu_0 (\boldsymbol{H} + \boldsymbol{M}). \tag{4.23}$$

Im Vordergrund stehen die beiden Feldgrößen $\boldsymbol{E}$ und $\boldsymbol{B}$, die nach Gl. (4.3) die Coulomb-Lorentzkraft bestimmen. $\boldsymbol{E}$ bestimmt die geschwindigkeitsunabhängige Kraftkomponente und $\boldsymbol{B}$ die der Geschwindigkeit proportionale Kraftkomponente im elektromagnetischen Feld. Setzt man Gl. (4.23) in die Feldgleichungen Gl. (4.10) ein, so erhält man im Fünfersystem:

$$\begin{aligned} &\gamma_0 \operatorname{rot} \boldsymbol{B}^* - \mu_0 \varepsilon_0 \frac{\partial \boldsymbol{E}^*}{\partial t} = \mu_0 \left(\boldsymbol{J} + \frac{\partial \boldsymbol{P}}{\mathrm{d} t} + \gamma_0 \operatorname{rot} \boldsymbol{M} \right); \\ &\gamma_0 \operatorname{rot} \boldsymbol{E} + \frac{\partial \boldsymbol{B}}{\partial t} = 0. \end{aligned} \tag{4.24}$$

Die gesamte Stromdichte setzt sich somit zusammen aus der Leitungsstromdichte $\boldsymbol{J}$, der Polarisationsstromdichte $\partial \boldsymbol{P}/\partial t$ und der Flächendichte der molekularen Elementarströme γ_0 rot $\boldsymbol{M}$. Im Vierersystem ist $\gamma_0 = 1$ zu setzen.
Eine konsequente Formulierung im Sinne dieser Elementarstromtheorie hat *L. Kneißler* [15] angegeben. Einige Deutungsschwierigkeiten dieser Darstellung (*H. W. König* [16]) konnten von *H. Hofmann* [10] geklärt werden. Wie man jedoch Gl. (4.24) entnehmen muß, ist diese Darstellung vor allem nicht affininvariant; sie bleibt vielmehr an eine dreidimensionale Metrik mit den dreidimensionalen Dualübergängen $\boldsymbol{E} \rightarrow \boldsymbol{E}^*$ und $\boldsymbol{B} \rightarrow \boldsymbol{B}^*$ gebunden. Die Gültigkeit der Feldgleichungen nach der Elementarstromtheorie ist somit durch den Gültigkeitsbereich der erforderlichen vorgegebenen Metrik begrenzt. Versucht man schließlich wegen der Äquivalenz von Wirbelring und Dipolfläche den Magnetismus auf fiktive gedachte magnetische Ladungen zurückzuführen, so führt das wieder zu Gl. (2.19) und Gl. (3.18) in der Form:

$$\boldsymbol{D} = \varepsilon_0 \boldsymbol{E}^* + \boldsymbol{P}; \quad \boldsymbol{B} = \mu_0 \boldsymbol{H}^* + \boldsymbol{J}_m. \tag{4.25}$$

Die Feldgleichungen lassen sich dann im Sinne einer „Theorie elektrischer und magnetischer Mengen", kurz Mengentheorie genannt, deuten [11, 30]. Nach dieser Mengentheorie stehen die beiden Feldgrößen $\boldsymbol{E}$ und $\boldsymbol{H}$ im Vordergrund und Gl. (4.25), in die Feldgleichungen Gl. (4.10) eingesetzt, ergibt im Fünfersystem:

$$\gamma_0 \operatorname{rot} \boldsymbol{H} - \varepsilon_0 \frac{\partial \boldsymbol{E}^*}{\partial t} = \frac{\partial \boldsymbol{P}}{\partial t} + \boldsymbol{J};$$

$$\gamma_0 \operatorname{rot} \boldsymbol{E} + \mu_0 \frac{\partial \boldsymbol{H}^*}{\partial t} = -\frac{\partial \boldsymbol{J}_m}{\partial t}. \tag{4.26}$$

Im Vierersystem ist wieder $\gamma_0 = 1$ zu setzen, was wiederum ebenso wie bei den Gleichungen der Elementarstromtheorie zu beiden Seiten des Gleichheitszeichens hinsichtlich der Einteilung in Quantitäts- und Intensitätsgrößen verschiedenartige Größen ergibt.
Auch diese Form der Feldgleichungen ist nicht affininvariant; sie verlangt die dreidimensionalen Dualübergänge $\boldsymbol{E} \rightarrow \boldsymbol{E}^*$ und $\boldsymbol{H} \rightarrow \boldsymbol{H}^*$. Ihre Gültigkeit ist wieder durch die verlangte vorgegebene Metrik begrenzt. Somit zeigt sich, daß nur die Feldgleichungen in der ursprünglichen, bereits von *J. C. Maxwell* angegebenen Form affininvariant sind, also keiner vorgegebenen Metrik bedürfen.

4.3 Die Feldkonstanten

Zur Beschreibung der elektromagnetischen Erscheinungen mußten drei Feldkonstanten als notwendig und hinreichend eingeführt werden:

1. die *elektrische Feldkonstante* ε_0 zur Verknüpfung elektrischer Quantitätsgrößen mit elektrischen Intensitätsgrößen;
2. die *magnetische Feldkonstante* μ_0 zur Verknüpfung magnetischer Quantitätsgrößen mit magnetischen Intensitätsgrößen;
3. die *elektromagnetische Feldkonstante* γ_0 zur Verknüpfung elektrischer Quantitätsgrößen mit magnetischen Intensitätsgrößen oder magnetischer Quantitätsgrößen mit elektrischen Intensitätsgrößen.

Jede der drei Feldkonstanten ist nach Kapitel 1.3 ein „echter" Proportionalitätsfaktor in einem Erfahrungssatz (Naturgesetz), für den jeweils ein dreidimensionaler Dualübergang notwendig war, angeschrieben für den materiefreien Raum,

$$\boldsymbol{D} = \varepsilon_0 \boldsymbol{E}^*; \quad \boldsymbol{B} = \mu_0 \boldsymbol{H}^*; \quad \boldsymbol{E} = \frac{\boldsymbol{v} \times \boldsymbol{B}^*}{\gamma_0}.$$

Diese drei Gleichungen verknüpfen bereits definierte Feldgrößen, wie die Quantitätsgröße $\boldsymbol{D}$ mit der Intensitätsgröße $\boldsymbol{E}$, die Quantitätsgröße $\boldsymbol{B}$ mit der Intensitätsgröße $\boldsymbol{H}$ und schließlich die Intensitätsgröße $\boldsymbol{E}$ mit der Quantitätsgröße $\boldsymbol{B}$. Die drei Erfahrungssätze führten schließlich über die Verknüpfung Gl. (4.5)

$$\gamma_0^2 = c_0^2 \varepsilon_0 \mu_0$$

zu den Maxwellschen Gleichungen als zusammenfassende Beschreibung der elektromagnetischen Erscheinungen des Makrokosmos.
Die Feldkonstanten ε_0, μ_0 und γ_0 bilden jeweils einen Quotienten aus Quantitätsgröße und Intensitätsgröße, und zwar

$$\varepsilon_0 = \frac{D}{E} = \frac{\text{elektrische Quantitätsgröße}}{\text{elektrische Intensitätsgröße}}$$

und

$$\mu_0 = \frac{B}{H} = \frac{\text{magnetische Quantitätsgröße}}{\text{magnetische Intensitätsgröße}},$$

während nach Gl. (4.10)

$$\gamma_0 = \frac{\text{elektrische Quantitätsgröße}}{\text{magnetische Intensitätsgröße}} = \frac{\text{magnetische Quantitätsgröße}}{\text{elektrische Intensitätsgröße}}.$$

Die Einführung der elektromagnetischen Feldkonstante γ_0 macht überhaupt erst eine konsequente und widerspruchsfreie Einteilung elektrischer und magnetischer Größen in Quantitäts- und Intensitätsgrößen möglich. Sie beseitigt scheinbare Widersprüche bei der Darstellung der Energiegrößen als Produkt aus Intensitäts- und Quantitätsgröße. So wird z.B. beim Weglassen von γ_0 im Vierersystem:

$\boldsymbol{S} = \boldsymbol{E} \times \boldsymbol{H}$ Intensitätsgröße mal Intensitätsgröße,

$W_e = \frac{1}{2} I\Phi$ Quantitätsgröße mal Quantitätsgröße.

Dagegen ergibt, wie erforderlich,

Gl. (4.9) $\boldsymbol{S} = \gamma_0 (\boldsymbol{E} \times \boldsymbol{H})$; Gl. (4.21) $W_e = \frac{1}{2} I \frac{\Phi}{\gamma_0}$

jeweils das Produkt aus Intensitätsgröße mal Quantitätsgröße. Gleichzeitig läßt Gl. (4.9) erkennen, daß die Bildung des Poynting-Vektors voraussetzt, daß $\boldsymbol{E}$ und $\boldsymbol{H}$ miteinander verkettet sind. Die im Schrifttum wiederholt auftauchende Frage nach der „Energieströmung" eines gekreuzten statischen E- und H-Feldes beim Einbringen eines Magneten in das Feld eines elektrostatisch aufgeladenen Kondensators stellt sich somit gar nicht.
Auch die Schaltungsgrößen R, L und C erscheinen nun als Quotienten aus beiden Größenarten, da sie ebenso wie die Feldkonstanten Quantitäts- und Intensitätsgrößen miteinander verbinden, wobei die Induktivität L im Vierersystem, dadurch daß γ_0 weggelassen wird, als Quotient aus zwei Quantitätsgrößen aus dieser Einteilung herausfällt. Siehe auch Kapitel 6.1.

Verbleiben noch die beiden Verknüpfungen, angeschrieben für eine homogene ebene elektromagnetische Welle im materiefreien Raum:

$$\boldsymbol{E} = Z_0 \boldsymbol{H}; \quad \boldsymbol{B} = Z_0 \boldsymbol{D}. \tag{4.27}$$

Hierbei handelt es sich um eine spezielle Transformation ohne allgemeine Gültigkeit. Vorausgesetzt wird eine elektromagnetische Welle, für die $\varepsilon_0 E^2 = \mu_0 H^2$. Auch ist Z_0 keine Schaltungsgröße; sie hat die Aufgabe, im Spezialfall einer elektromagnetischen Welle zwei Intensitätsgrößen oder zwei Quantitätsgrößen ineinander zu überführen, fällt daher auch aus der Einordnung in Quantitäts- und Intensitätsgrößen heraus. So hat sich auch die Feldkonstante γ_0 diskret zurückgezogen, bleibt jedoch in Z_0 enthalten, denn nach Gl. (4.7) ist:

$$Z_0 = \sqrt{\frac{\mu_0}{\varepsilon_0}} = \frac{c_0 \mu_0}{\gamma_0} = \frac{\gamma_0}{c_0 \varepsilon_0}.$$

Im Gegensatz hierzu ist der Wellenwiderstand Z einer Leitung eine elektrische Schaltungsgröße und wegen Gl. (4.17) ein Quotient aus Intensitäts- und Quantitätsgröße:

$$Z = \sqrt{\frac{L}{C}} = \frac{U}{I} = \frac{1}{\gamma_0} Z_0 \sqrt{\frac{\mu_r}{\varepsilon_r}}. \tag{4.28}$$

Beim Übergang von Z_0 zur elektrischen Größe Z tritt wieder die Feldkonstante γ_0 hervor. Schließlich verlangt Gl. (4.27) auch keinen dreidimensionalen Dualübergang, weil der Vektorgrad bei der Transformation unverändert bleibt. Bezogen auf die vierdimensionale Raum-Zeit-Welt (Kapitel 5.2) handelt es sich jeweils um gleichartige Komponenten entweder aus dem Zeitbereich, wie $\boldsymbol{E}$ und $\boldsymbol{H}$, oder aus dem Raumbereich, wie $\boldsymbol{B}$ und $\boldsymbol{D}$. Sie können einander ebenso zugeordnet werden, wie etwa die $\boldsymbol{x}$-Komponenten zweier Vektoren innerhalb ein und desselben Koordinatensystems.
Die Feldkonstanten überführen Intensitätsgrößen in Quantitätsgrößen und umgekehrt, daher werden Intensitätsgrößen mit den Feldkonstanten multipliziert und Quantitätsgrößen durch die Feldkonstanten dividiert. Dabei sind:

elektrische { Quantitätsgrößen $Q, I, \Theta, \boldsymbol{D}, \boldsymbol{J}, \varrho$;
Intensitätsgrößen $\varphi, U, \boldsymbol{E}$;

magnetische { Quantitätsgrößen $\Phi, \boldsymbol{B}, \boldsymbol{A}_m$;
Intensitätsgrößen $\Psi, V_m, \boldsymbol{H}$.

Nun wurde allerdings wiederholt versucht, zu zeigen, daß die Einführung der Feldkonstante γ_0 nicht zwingend notwendig sei und sich somit die Annahme einer magnetischen Basisgröße erübrige. In der Mehrzahl wird dabei

immer wieder auf die enge Verknüpfung des elektrischen und magnetischen Feldes hingewiesen. Die Gleichsetzung elektrischer und magnetischer Größen erscheint dann gleichsam als „ein befriedigender Ausdruck“ dafür, daß die elektrischen und magnetischen Größen, durch die Natur aufs engste miteinander verknüpft, gar nicht voneinander unabhängig erfaßbar sind. Dabei wird aber gleichzeitig betont, daß elektrische und magnetische Erscheinungen „zwei Seiten“ ein und derselben Naturerscheinung sind. Doch allein die Tatsache, daß „zwei Seiten“ ein und derselben Gesamterscheinung am gleichen Ort festgestellt werden können, beweist bereits deren Unterscheidbarkeit.
Tatsächlich ist jedes zeitlich veränderliche Magnetfeld untrennbar mit einem entsprechenden elektrischen Feld verknüpft und umgekehrt. Beide Erscheinungen, z.B. elektrische Umlaufspannung längs einer Leiterschleife und der von dieser umschlungene zeitlich veränderliche magnetische Fluß, sind voneinander untrennbar und treten daher stets gleichzeitig auf, ebenso wie Blitz und Donner bei einem Gewitter. *Beide sind aber nicht dasselbe*! Wären sie es, dann müßte es unmöglich sein, sie am gleichen Ort voneinander zu unterscheiden.
Auf einen Einwand gegen die Einführung der Feldkonstante γ_0 und damit gegen die als zwingend notwendig erkannte Annahme einer unabhängigen magnetischen Basisgröße kann nun auch näher eingegangen werden [4]. Demnach wird angenommen, daß der permanente Magnetismus erst *nach* Ampère entdeckt worden und daher bis dahin nicht einmal der Begriff „magnetisch“ bekannt gewesen sei. Für die Kraftwirkung zwischen zwei stromdurchflossenen linearen und parallelen Stromleitern im leeren Raum würde man dann finden, wenn man die Leitungsströme I_1 und I_2 beider Leiter 1 und 2 als Ladungsbewegungen mit

$$I_1\,\mathrm{d}l_1 = v_1\,\mathrm{d}Q_1, \quad I_2\,\mathrm{d}l_2 = v_2\,\mathrm{d}Q_2$$

deutet und beide Leiter von Strömen gleicher Zählrichtung durchflossen werden:

$$\boldsymbol{F}_m = -\mu_0 \frac{v_1 Q_1 \cdot v_2 Q_2}{4\pi r^2} \boldsymbol{e}_z . \tag{4.29}$$

Darin ist die Feldkonstante μ_0 der notwendige Proportionalitätsfaktor „eine rein mechanisch-elektrische Größe“ und $\boldsymbol{e}_z$ der die Kraftrichtung bestimmende Einheitsvektor.
Handelt es sich nun um Ströme, die aus Ladungen nur eines Vorzeichens bestehen, z.B. Kräfte zwischen reinen Elektronenstrahlen, so tritt noch die elektrostatische Kraft

$$\boldsymbol{F}_e = \frac{1}{\varepsilon_0} \frac{Q_1 Q_2}{4\pi r^2} \boldsymbol{e}_z \tag{4.29a}$$

auf, so daß die Gesamtkraft lauten würde:

$$\boldsymbol{F} = \boldsymbol{F}_m + \boldsymbol{F}_e = \frac{1}{\varepsilon_0} \frac{Q_1 Q_2}{4\pi r^2} (1 - \varepsilon_0 \mu_0 v_1 v_2)\, \boldsymbol{e}_z .$$

Der Klammerausdruck der rechten Seite muß dabei eine Zahl sein. Man kann daher setzen

$$\varepsilon_0 \mu_0 = \frac{1}{c_0^2},$$

mit c_0 als universelle Geschwindigkeit, die sich als identisch mit der Vakuumlichtgeschwindigkeit erweist. Daraus wird nun gefolgert, daß somit keine Möglichkeit besteht, ohne Willkür neben ε_0 und μ_0 eine dritte unabhängige Feldkonstante γ_0 einzuführen. Soweit der Einwand.
Nun ist aber der permanente Magnetismus entdeckt worden; entscheidend ist aber, daß die zitierte Arbeit [4] nicht beweist, daß in Gl. (4.29) zwingend die *auch* beide Feldgrößen $\boldsymbol{B}$ und $\boldsymbol{H}$ verknüpfende Feldkonstante μ_0 als Proportionalitätsfaktor gesetzt werden muß. Gerade *darauf kommt es an*! Bereits in Kapitel 3.1 wurde ausführlich gezeigt, daß der notwendige Proportionalitätsfaktor in Gl. (4.29) nicht ohne Willkür gleich der Feldkonstante μ_0 gesetzt werden darf, die die beiden Feldgrößen $\boldsymbol{B}$ und $\boldsymbol{H}$ miteinander verknüpft. Dabei wird μ_0 selbst in der zitierten Arbeit sogar als „eine rein mechanisch-elektrische Größe" bezeichnet.
Die Notwendigkeit einer unabhängigen magnetischen Basisgröße und damit die Einführung der elektromagnetischen Feldkonstante γ_0 ist eine Folge der gezeigten Unmöglichkeit einer eindeutigen Ableitung magnetischer Größen aus nur nichtmagnetischen, insbesondere elektrischen Größen *ohne* Proportionalitätsfaktor. Dabei zeigte sich gleichzeitig, daß auch eine Einteilung in Quantitäts- und Intensitätsgrößen die Berücksichtigung dieser Feldkonstante erzwingt. Der die ganze Elektrodynamik durchziehende Dualismus zwischen den Begleiterscheinungen ruhender Ladungen und den Begleiterscheinungen bewegter Ladungen bleibt davon unberührt. Ebenso wird die Frage nach der Gültigkeit der Ampèreschen Hypothese davon nicht betroffen.

5 Die Minkowskische Raum-Zeit-Welt

Einleitend wird gezeigt, wie man zur vierdimensionalen Raum-Zeit-Welt kommt. Anschließend werden die Feldgleichungen in vierdimensionaler Form abgeleitet. Durch Anwenden des äußeren Kalküls erhalten sie eine besonders einfache und auch hinsichtlich des Vektorgrades der Feldgrößen eindeutige Form. Die Ergebnisse werden mit üblichen Darstellungen verglichen.

5.1 Vierdimensionale Koordinaten

Zu einem vierdimensionalen Koordinatensystem kommt man ganz zwangsläufig, wenn man von der Konstanz der Lichtgeschwindigkeit ausgeht, die an einem Gedankenexperiment erläutert werden soll. Hierfür wird zunächst ein absolutes Koordinatensystem vorausgesetzt und nach *G. Joos* eine Anordnung in **Bild 5.1** betrachtet. Diese Anordnung ermöglicht es einem Beobachter C, mit Hilfe des Spiegels S beide Orte A und B mit gleichem Abstand von S gleichzeitig zu betrachten.

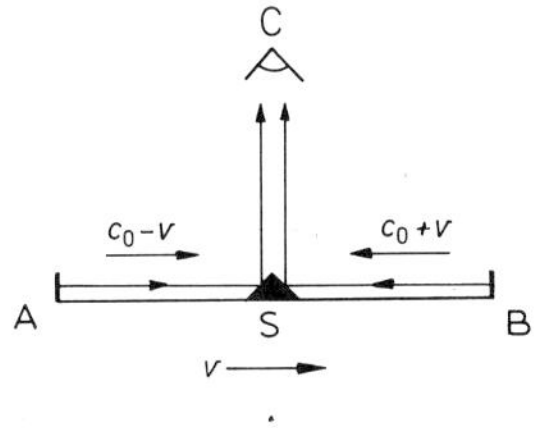

Bild 5.1. Zum Begriff der Gleichzeitigkeit

Die gesamte Anordnung einschließlich des Beobachters C soll sich nun mit gleichförmiger Geschwindigkeit v relativ zu einem absoluten Koordinatensystem von links nach rechts bewegen. Vom Standpunkt der Absolutvorstellungen aus gesehen müßte dann ein in A und B gleichzeitig einsetzendes Ereignis vom Beobachter C nicht mehr gleichzeitig wahrgenommen werden können, denn bezüglich dieses Beobachters hätte dann das Licht auf der einen Seite die Geschwindigkeit $c_0 - v < c_0$, auf der anderen Seite $c_0 + v > c_0$. In begriffliche Schwierigkeiten kommt man jedoch bei der Frage, was unter der Geschwindigkeit v der Anordnung zu verstehen ist. Ist es die Geschwindigkeit des betrachteten Systems bezüglich der Erde, oder muß man auch deren Bahngeschwindigkeit hinzuzählen? Dann müßte man aber auch die Geschwindigkeit des Sonnensystems innerhalb der Milchstraße oder sogar die Geschwindigkeit gegenüber außergalaktischen Systemen berücksichtigen. Offensichtlich gibt es hier nur eine sinnvolle Antwort, nämlich daß die Lichtgeschwindigkeit c_0 eine absolute Konstante sein muß (*Einstein* 1905). Sowohl in einem ruhenden als auch in einem gleichförmig bewegt erscheinenden Bezugssystem erfolgt die Lichtausbreitung in homogenen und isotropen Medien unabhängig von der Ausbreitungsrichtung in Form einer Kugelwelle. Im materiefreien Raum muß daher gelten:

$$x^2+y^2+z^2-c_0^2t^2=0.$$

Damit ist aber bereits der Übergang zur Einstein-Minkowskischen Raum-Zeit-Welt vollzogen, wenn man setzt:

$$\left.\begin{aligned} x_1&=x; & x_3&=z; \\ x_2&=y; & x_4&=\sqrt{-c_0^2t^2}=\mathrm{j}c_0t. \end{aligned}\right\} \tag{5.1}$$

Die vierte Koordinate ist in durchaus sinnvoller Weise imaginär. Punkte in dieser Raum-Zeit-Welt sind durch Raum und Zeit festgelegt.

Ebenso wie im dreidimensionalen Raum R 3 kann man auch im vierdimensionalen Raum R 4 mit den orthogonalen Koordinaten nach Gl. (5.1) die Beschreibung der Naturvorgänge durch allgemein gültige Gesetze in Form vierdimensionaler Gleichungen durchführen. Mit φ als Raum-Zeit-Funktion bedeutet weiterhin wegen

$$\mathrm{d}\varphi=\frac{\partial\varphi}{\partial x_i}\,\mathrm{d}x_i=A_i\,\mathrm{d}x_i$$

die Differentiation eines Multivektors nach x_i eine Erhöhung des Vektorgrades von p auf $p+1$. Für die „Zeitkoordinate" x_4 ist dabei

$$\frac{\partial}{\partial x_4}=\frac{1}{\mathrm{j}c_0}\,\frac{\partial}{\partial t}; \quad \frac{\partial}{\partial t}=\mathrm{j}c_0\,\frac{\partial}{\partial x_4}. \tag{5.2}$$

Man erkennt daraus, daß eine Differentiation nach der Zeit t auch in der Raum-Zeit-Welt keine Änderung des Vektorgrades bedeutet. Die Division eines p-Vektors durch $\mathrm{j}c_0$ erhöht dagegen seinen Vektorgrad von p auf $p+1$, eine Multiplikation mit $\mathrm{j}c_0$ erniedrigt ihn von p auf $p-1$.

Die Aufteilung vierdimensionaler Größen der Raum-Zeit-Welt in ihre Koordinaten entspricht der Darstellung in einem bestimmten vierdimensionalen Bezugssystem. Jede Darstellung in einem demgegenüber gleichförmig und geradlinig bewegten oder auch in einem demgegenüber gedrehten System erhält man durch eine sogenannte Lorentz-Transformation [30]. Alle in dieser Raum-Zeit-Welt entsprechend definierten vierdimensionalen physikalischen Größen sind daher Lorentz-Invariante, was natürlich keineswegs für die im dreidimensionalen euklidischen Raum definierten Größen zutreffen muß. Zu beachten ist allerdings, daß in der Lorentz-Gruppe nur gleichförmige und geradlinige Relativgeschwindigkeiten zugelassen sind. Vorgänge mit endlicher Beschleunigung gehören nicht zur Minkowskischen Geometrie.

5.2 Die Feldgleichungen in vierdimensionaler Form

In diesem Abschnitt soll durchweg $\varepsilon = \varepsilon_0$ und $\mu = \mu_0$ sein. Die abgeleiteten Beziehungen gelten dann insbesondere für den materiefreien Raum oder für isotrope Medien mit überall $\varepsilon_r = \mu_r = 1$. Bezeichnet man ferner auch im folgenden mit $\boldsymbol{A} = A_i$ den Monovektor des magnetischen Vektorpotentials ohne zusätzlichen Index, so lautet Gl. (4.11) mit Gl. (5.2):

$$\gamma_0 \boldsymbol{E} = -\frac{\partial A}{\partial t} - \gamma_0 \operatorname{grad} \varphi = -\mathrm{j} c_0 \sum_{i=1}^{3} \left(\frac{\partial A_i}{\partial x_4} - \frac{\gamma_0}{\mathrm{j} c_0} \frac{\partial \varphi}{\partial x_i} \right),$$

oder mit $i = 1, 2, 3$

$$\gamma_0 E_i = \mathrm{j} c_0 \left(\frac{\partial A_4}{\partial x_i} - \frac{\partial A_i}{\partial x_4} \right),$$

wenn man setzt:

$$A_4 = -\frac{\gamma_0}{\mathrm{j} c_0} \varphi.$$

Damit erhält man ein vierdimensionales Vektorpotential, das sogenannte *Viererpotential:*

$$A_i = (A_1, A_2, A_3, A_4) = \left(A; \; -\frac{\gamma_0}{\mathrm{j} c_0} \varphi \right). \tag{5.3}$$

Dieser vierdimensionale Monovektor ist eine Quantitätsgröße, gebildet aus dem dreidimensionalen Vektorpotential $\boldsymbol{A}$ und dem elektrischen skalaren Potential φ. Die Multiplikation der Intensitätsgröße φ mit γ_0 ergibt ebenfalls eine Quantitätsgröße; die Division des Skalars φ durch $\mathrm{j} c_0$ erhöht dessen Vektorgrad von $p = 0$ auf $p = 1$.

Dem Viererpotential kann man in der äußeren Algebra eine äußere Differentialform ersten Grades

$$\boldsymbol{V} = A_1 \, \mathrm{d}x_1 + A_2 \, \mathrm{d}x_2 + A_3 \, \mathrm{d}x_3 + A_4 \, \mathrm{d}x_4$$

zuordnen. Eine äußere Differentiation dieser Form ergibt dann nach Gl. (A 9) im Anhang die Form zweiten Grades

$$\boldsymbol{\Phi} = \mathrm{d} \boldsymbol{V} = \sum_{ij}^{(m)} \Phi_{ij} (\mathrm{d}x_i \wedge \mathrm{d}x_j),$$

wobei auch im folgenden nur über die strikten Koordinaten nach Tabelle A 1 im Anhang summiert werden soll. Den Bivektor Φ_{ij} erhält man dabei nach Gl. (A 13) als vierdimensionalen Rotor mit den Koordinaten:

$$\Phi_{ij} = \left(\frac{\partial A_j}{\partial x_i} - \frac{\partial A_i}{\partial x_j}\right).$$

Ausgerechnet ergibt das die $s = 6$ strikten Koordinaten:

$$\Phi_{12} = \frac{\partial A_2}{\partial x_1} - \frac{\partial A_1}{\partial x_2} = B_z; \qquad \Phi_{14} = \frac{\partial A_4}{\partial x_1} - \frac{\partial A_1}{\partial x_4} = \frac{\gamma_0}{\mathrm{j}c_0} E_x;$$

$$\Phi_{23} = \frac{\partial A_3}{\partial x_2} - \frac{\partial A_2}{\partial x_3} = B_x; \qquad \Phi_{24} = \frac{\partial A_4}{\partial x_2} - \frac{\partial A_2}{\partial x_4} = \frac{\gamma_0}{\mathrm{j}c_0} E_y;$$

$$\Phi_{31} = \frac{\partial A_1}{\partial x_3} - \frac{\partial A_3}{\partial x_1} = B_y; \qquad \Phi_{34} = \frac{\partial A_4}{\partial x_3} - \frac{\partial A_3}{\partial x_4} = \frac{\gamma_0}{\mathrm{j}c_0} E_z.$$

Für den vollständigen Tensor Φ_{ij} erhält man somit die Matrix:

$$\Phi_{ij} = \begin{bmatrix} 0 & \Phi_{12} & \Phi_{13} & \Phi_{14} \\ \Phi_{21} & 0 & \Phi_{23} & \Phi_{24} \\ \Phi_{31} & \Phi_{32} & 0 & \Phi_{34} \\ \Phi_{41} & \Phi_{42} & \Phi_{43} & 0 \end{bmatrix} = \begin{bmatrix} 0 & B_z & -B_y & \frac{\gamma_0}{\mathrm{j}c_0} E_x \\ -B_z & 0 & B_x & \frac{\gamma_0}{\mathrm{j}c_0} E_y \\ B_y & -B_x & 0 & \frac{\gamma_0}{\mathrm{j}c_0} E_z \\ \frac{-\gamma_0}{\mathrm{j}c_0} E_x & \frac{-\gamma_0}{\mathrm{j}c_0} E_y & \frac{-\gamma_0}{\mathrm{j}c_0} E_z & 0 \end{bmatrix} \tag{5.4}$$

Diesen vierdimensionalen schiefsymmetrischen Tensor zweiter Stufe (Bivektor) nennt man *magnetischen Feldtensor* Φ_{ij}. Sein Aufbau läßt keinen Zweifel darüber, daß in R 3 die magnetische Flußdichte $\boldsymbol{B}$ ein dreidimensionaler Bivektor ist, die elektrische Feldstärke $\boldsymbol{E}$ dagegen ein dreidimensionaler Monovektor. Es erscheinen daher nicht einfach die Koordinaten B_{ij} mit den Koordinaten E_i verknüpft, vielmehr handelt es sich um die Zusammenfassung:

$$\Phi_{ij} = \left(\boldsymbol{B};\ \frac{\gamma_0}{\mathrm{j}c_0} \boldsymbol{E}\right). \tag{5.5}$$

Dabei ist unter Beachtung von Gl. (5.2)

$$\frac{\gamma_0}{\mathrm{j}c_0} E_i = \Phi_{i4}$$

eine in R 3 nicht definierte (imaginäre) Koordinate eines vierdimensionalen Bivektors, womit der Aufbau des Feldtensors Φ_{ij} auch hinsichtlich seines Vektorcharakters mathematisch eindeutig ist und keinen Dualübergang benötigt.
Die Feldkonstante γ_0 hat dabei zwei Aufgaben. Einmal muß sie eine magnetische und eine elektrische Größe zusammenfassen, zum anderen wird durch sie die Intensitätsgröße $\boldsymbol{E}$ der Quantitätsgröße $\boldsymbol{B}$ angepaßt. Der magnetische Feldtensor ist somit eine Quantitätsgröße.
In Analogie zu den dreidimensionalen Dualübergängen im materiefreien Raum

$$\boldsymbol{D}=\varepsilon_0\boldsymbol{E}^* \quad \text{und} \quad \boldsymbol{B}=\mu_0\boldsymbol{H}^*$$

kann durch einen vierdimensionalen Dualübergang ein zweiter Feldtensor, der *elektrische Feldtensor* Θ_{ij}, abgeleitet werden [8, 30]:

$$\Theta_{ij}=\mathrm{j}\sqrt{\frac{\varepsilon_0}{\mu_0}}\,\Phi_{ij}^*. \tag{5.6}$$

Die Komponenten des dualen Tensors Φ_{ij}^* findet man mit Hilfe von Gl. (A 8) im Anhang. Der vollständige elektrische Feldtensor lautet somit nach Gl. (5.6) in Matrizenform:

$$\Theta_{ij}=\begin{bmatrix} 0 & \Theta_{12} & \Theta_{13} & \Theta_{14} \\ \Theta_{21} & 0 & \Theta_{23} & \Theta_{24} \\ \Theta_{31} & \Theta_{32} & 0 & \Theta_{34} \\ \Theta_{41} & \Theta_{42} & \Theta_{43} & 0 \end{bmatrix} = \begin{bmatrix} 0 & D_z & -D_y & \frac{-\gamma_0}{\mathrm{j}c_0}H_x \\ -D_z & 0 & D_x & \frac{-\gamma_0}{\mathrm{j}c_0}H_y \\ D_y & -D_x & 0 & \frac{-\gamma_0}{\mathrm{j}c_0}H_z \\ \frac{\gamma_0}{\mathrm{j}c_0}H_x & \frac{\gamma_0}{\mathrm{j}c_0}H_y & \frac{\gamma_0}{\mathrm{j}c_0}H_z & 0 \end{bmatrix}. \tag{5.7}$$

Dieser elektrische Feldtensor Θ_{ij} läßt wieder den Vektorcharakter der beiden dreidimensionalen Feldgrößen $\boldsymbol{D}$ und $\boldsymbol{H}$ sofort ablesen. Demnach ist $\boldsymbol{D}$ ein dreidimensionaler Bivektor und $\boldsymbol{H}$ ein dreidimensionaler Monovektor. Es entsprechen also einander hinsichtlich ihres Vektorcharakters $\boldsymbol{E}$ und $\boldsymbol{H}$ einerseits, sowie $\boldsymbol{B}$ und $\boldsymbol{D}$ andererseits. Die Feldkonstante γ_0 übernimmt dabei die gleiche Aufgabe wie bei der Zusammenfassung von $\boldsymbol{B}$ und $\boldsymbol{E}$ im magnetischen Feldtensor. Auch der elektrische Feldtensor ist eine Quantitätsgröße:

$$\Theta_{ij}=\left(\boldsymbol{D};\ -\frac{\gamma_0}{\mathrm{j}c_0}\boldsymbol{H}\right). \tag{5.8}$$

Ordnet man den beiden Feldtensoren die äußeren Formen zu

$$\boldsymbol{\Theta} = \sum_{i,j}^{(4)} \Theta_{ij}(\mathrm{d}x_i \wedge \mathrm{d}x_j); \quad \boldsymbol{\Phi} = \sum_{i,j}^{(4)} \Phi_{ij}(\mathrm{d}x_i \wedge \mathrm{d}x_j),$$

so ergibt eine weitere äußere Differentiation unter Beachtung von (4) in Gl. (A 11) die äußeren Formen dritten Grades

$$\mathrm{d}\boldsymbol{\Theta} = \boldsymbol{\Gamma}; \quad \mathrm{d}\boldsymbol{\Phi} = \mathrm{d}(\mathrm{d}V) = 0.$$

Die beiden den Formen $\mathrm{d}\boldsymbol{\Theta}$ und $\mathrm{d}\boldsymbol{\Phi}$ zugeordneten vierdimensionalen Trivektoren Θ_{ijk} und Φ_{ijk} erhält man als vierdimensionale Divergenz nach Gl. (A 14) im Anhang.
Ausgerechnet ergibt das in R 4 für die $s=4$ strikten Koordinaten mit der Ziffernfolge nach Tabelle A 1, wenn die rechte Seite in der üblichen Symbolik angeschrieben wird,

$$\Theta_{123} = \operatorname{div} \boldsymbol{D} = \varrho; \qquad \Theta_{314} = \frac{-1}{\mathrm{j}c_0}\left(\gamma_0 \operatorname{rot}_y \boldsymbol{H} - \frac{\partial \boldsymbol{D}_y}{\partial t}\right) = \frac{-1}{\mathrm{j}c_0} \boldsymbol{J}_y;$$

$$\Theta_{234} = \frac{-1}{\mathrm{j}c_0}\left(\gamma_0 \operatorname{rot}_x \boldsymbol{H} - \frac{\partial \boldsymbol{D}_x}{\partial t}\right) = \frac{-1}{\mathrm{j}c_0} \boldsymbol{J}_x; \quad \Theta_{124} = \frac{-1}{\mathrm{j}c_0}\left(\gamma_0 \operatorname{rot}_z \boldsymbol{H} - \frac{\partial \boldsymbol{D}_z}{\partial t}\right) = \frac{-1}{\mathrm{j}c_0} \boldsymbol{J}_z.$$

Das ist die Aussage der ersten Maxwellschen Gleichung mit der Zusatzgleichung:

$$\operatorname{div} \boldsymbol{D} = \varrho.$$

Sie ergibt den aus der Raumladungsdichte ϱ und der Leitungsstromdichte $\boldsymbol{J}$ zusammengesetzten vierdimensionalen Trivektor der *Viererstromdichte* mit den $s=4$ strikten Koordinaten:

$$\Gamma_{ijk} = (\Gamma_{123}, \Gamma_{234}, \Gamma_{314}, \Gamma_{124}) = \left(\varrho, \ \frac{-1}{\mathrm{j}c_0} \boldsymbol{J}\right). \tag{5.9}$$

Damit ist auch gezeigt, daß die dreidimensionale Raumladungsdichte ϱ tatsächlich ein Trivektor und die Leitungsstromdichte $\boldsymbol{J}$ ein dreidimensionaler Bivektor ist.

Für die strikten Koordinaten des vierdimensionalen Trivektors Φ_{ijk} erhält man entsprechend, gleich in der üblichen dreidimensionalen Symbolik angeschrieben:

$$\Phi_{123} = \operatorname{div} \boldsymbol{B} = 0; \qquad \Phi_{314} = \frac{1}{\mathrm{j}c_0}\left(\gamma_0 \operatorname{rot}_y \boldsymbol{E} + \frac{\partial \boldsymbol{B}_y}{\partial t}\right) = 0;$$

$$\Phi_{234} = \frac{1}{\mathrm{j}c_0}\left(\gamma_0 \operatorname{rot}_x \boldsymbol{E} + \frac{\partial \boldsymbol{B}_x}{\partial t}\right) = 0; \qquad \Phi_{124} = \frac{1}{\mathrm{j}c_0}\left(\gamma_0 \operatorname{rot}_z \boldsymbol{E} + \frac{\partial \boldsymbol{B}_z}{\partial t}\right) = 0.$$

Das ist die Aussage der zweiten Maxwellschen Gleichung mit der Zusatzgleichung:

$$\operatorname{div} \boldsymbol{B} = 0.$$

Die Aussage der Feldgleichungen des dreidimensionalen Raumes

$$\begin{aligned} \gamma_0 \operatorname{rot} \boldsymbol{H} &= \frac{\partial \boldsymbol{D}}{\partial t} + \boldsymbol{J}; \quad \operatorname{div} \boldsymbol{D} = \varrho; \\ \gamma_0 \operatorname{rot} \boldsymbol{E} &= \frac{\partial \boldsymbol{B}}{\partial t} \quad ; \quad \operatorname{div} \boldsymbol{B} = 0 \end{aligned} \tag{5.10}$$

erhält man somit in der Raum-Zeit-Welt durch eine vierdimensionale Divergenzbildung der beiden Feldtensoren Θ_{ij} und Φ_{ij}. Das ergibt zusammengefaßt, wenn wieder die rechte Seite in der üblichen dreidimensionalen Vektorsymbolik angeschrieben wird und man nur über die strikten Koordinaten summiert:

$$\sum_{ijk}^{(4)} \frac{\partial \Theta_{jk}}{\partial x_i} = \begin{cases} \operatorname{div} \boldsymbol{D} = \varrho; \\ \dfrac{-1}{\mathrm{j}c_0}\left(\gamma_0 \operatorname{rot} \boldsymbol{H} - \dfrac{\partial \boldsymbol{D}}{\partial t}\right) = \dfrac{-1}{\mathrm{j}c_0} \boldsymbol{J}; \end{cases} \tag{5.11}$$

$$\sum_{ijk}^{(4)} \frac{\partial \Phi_{jk}}{\partial x_i} = \begin{cases} \operatorname{div} \boldsymbol{B} = 0; \\ \dfrac{1}{\mathrm{j}c_0}\left(\gamma_0 \operatorname{rot} \boldsymbol{E} + \dfrac{\partial \boldsymbol{B}}{\mathrm{j}c_0}\right) = 0. \end{cases} \tag{5.12}$$

Ordnet man schließlich noch der Viererstromdichte Γ_{ijk} die äußere Form

$$\boldsymbol{\Gamma} = \mathrm{d}\boldsymbol{\Theta} \quad \text{mit} \quad \mathrm{d}\boldsymbol{\Gamma} = \mathrm{d}(\mathrm{d}\boldsymbol{\Theta}) = 0$$

zu, so erhält man einen in R 3 nicht definierten Vierervektor.

Seine eine strikte Koordinate

$$\sum_{ijkl}^{4} \frac{\partial \Gamma_{ijk}}{\partial x_l} = -\frac{\partial \Gamma_{123}}{\partial x_4} + \frac{\partial \Gamma_{234}}{\partial x_1} + \frac{\partial \Gamma_{314}}{\partial x_2} + \frac{\partial \Gamma_{124}}{\partial x_3} = \frac{-1}{\mathrm{j}c_0}\left(\frac{\partial \varrho}{\partial t} + \operatorname{div} \boldsymbol{J}\right) = 0$$

ist die Aussage der dreidimensionalen Kontinuitätsgleichung.
Die hier gebrachten vierdimensionalen Feldgrößen entsprechen der von *R. Fleischmann* [8] angegebenen Darstellung. Man erhält folgende vierdimensionale schiefsymmetrische Tensoren:

erster Stufe (Monovektor)

$$A_i = \left(\boldsymbol{A};\ -\frac{\gamma_0}{\mathrm{j}c_0}\varphi\right),$$

zweiter Stufe (Bivektor)

$$\Theta_{ij} = \left(\boldsymbol{D};\ -\frac{\gamma_0}{\mathrm{j}c_0}\boldsymbol{H}\right), \quad \Phi_{ij} = \left(\boldsymbol{B};\ \frac{\gamma_0}{\mathrm{j}c_0}\boldsymbol{E}\right),$$

dritter Stufe (Trivektor)

$$\Gamma_{ijk} = \left(\varrho;\ -\frac{1}{\mathrm{j}c_0}\boldsymbol{J}\right),$$

aus denen der gleiche Vektorgrad von $\boldsymbol{A}$, $\boldsymbol{E}$ und $\boldsymbol{H}$ einerseits sowie $\boldsymbol{D}$, $\boldsymbol{B}$ und $\boldsymbol{J}$ andererseits sofort entnommen werden kann. Alle diese Feldtensoren sind Quantitätsgrößen; man erhielt sie gleichsam ganz von selbst durch konsequente Anwendung des äußeren Kalküls (siehe Anhang). Die Zusammenfassung von $\boldsymbol{B}$ und $\boldsymbol{E}$ sowie von $\boldsymbol{D}$ und $\boldsymbol{H}$ kommt insofern auch den Auffassungen der Elementarstromtheorie und der Mengentheorie (Kapitel 4.2) entgegen. Die Feldgleichungen dieser beiden Theorien erhält man in der Raum-Zeit-Welt über die Dualübergänge der Feldtensoren [28, 30].
Erst die vierdimensionale Elektrodynamik läßt die Verknüpfung der dreidimensionalen elektrischen und magnetischen Feldgrößen voll erkennen. Die elektrischen Erscheinungen einerseits und die magnetischen Erscheinungen andererseits sind aber, wie erkannt, die „beide Seiten“ des Naturphänomens Elektromagnetismus kennzeichnenden Unterschiede, also *verschiedene* Einzelmerkmale. Andererseits folgt aber auch die enge Verwandtschaft beider Erscheinungen aus der Tatsache, daß beide gleichzeitig auftreten und überhaupt ineinander überführt werden können. Die vierdimensionale Darstellung läßt darüber keinen Zweifel aufkommen.
Im Schrifttum findet man die beiden Feldtensoren meist in der – im Vierersystem angeschriebenen – Zusammensetzung (z. B. [24])

$$(c_0\boldsymbol{B};\quad -\mathrm{j}\boldsymbol{E});\quad (\boldsymbol{H};\quad -\mathrm{j}c_0\boldsymbol{D}).$$

Eine solche Verknüpfung wird dem Vektorgrad der einzelnen dreidimensionalen Feldgrößen nicht gerecht; durch das Weglassen der Feldkonstante γ_0 werden zudem Intensitäts- und Quantitätsgrößen miteinander vermengt. Vor allem wird dabei nicht beachtet, daß in der Raum-Zeit-Welt eine Multiplikation mit $\mathrm{j}c_0$ oder eine Division durch $\mathrm{j}c_0$ aus einer Integration nach $\mathrm{d}x_4$ bzw. aus einer Differentiation nach $\mathrm{d}x_4$ herrühren. Dadurch wird der Vektorgrad von p auf $p-1$ bzw. von p auf $p+1$ geändert. Die Zusammenfassung von $c_0\boldsymbol{B}$ und $\mathrm{j}\boldsymbol{E}$ bedeutet demnach die Verknüpfung eines dreidimensionalen Bivektors mit einem dreidimensionalen Monovektor und die Zusammenfassung von $\boldsymbol{H}$ und $\mathrm{j}c_0\boldsymbol{D}$ die Verknüpfung von zwei dreidimensionalen Monovektoren zu einem angeblichen Bivektor, dessen $s=6$ strikte Koordinaten nun durch die sechs Koordinaten eines dreidimensionalen Bi- und Monovektors oder durch die Koordinaten zweier dreidimensionaler Monovektoren vorgetäuscht werden.
Schließlich ist auch die allgemein übliche Zusammenfassung [24]

$$(\boldsymbol{J}; \quad -\mathrm{j}c_0\varrho)$$

kein vierdimensionaler Vektor der Stromdichte. Vielmehr handelt es sich um die Verknüpfung der drei strikten Koordinaten des dreidimensionalen Bivektors $\boldsymbol{J}$ mit der durch Multiplikation mit $\mathrm{j}c_0$ zu einer Koordinate eines Bivektors gewordenen dreidimensionalen Raumladungsdichte ϱ. Beide Größen ergeben jedoch in der Zusammensetzung nach Gl. (5.9)

$$\Gamma_{ijk}=\left(\varrho; \quad \frac{-1}{\mathrm{j}c_0}\boldsymbol{J}\right)$$

einen vierdimensionalen Trivektor, der in R 4 ebenso wie ein Monovektor vier strikte Koordinaten hat.

6 Abschließende Betrachtungen

Nach einer Dimensions- und Einheitenbetrachtung werden Fragen der Normung elektromagnetischer Feldgrößen besprochen.

6.1 Dimensions- und Einheitenbetrachtung

Die Wahl des magnetischen Flusses Φ als unabhängige Grundgröße (Basisgröße) neben der elektrischen Ladung (elektrischer Fluß) Q bedeutet, daß zur Beschreibung der elektromagnetischen Erscheinungen fünf Basisgrößen benötigt werden, sofern man zu Q und Φ noch drei mechanische Größen hinzunimmt. Dieses ergibt sich auch aus den sechs das beschriebene Naturgeschehen zusammenfassenden Gleichungen

$$\gamma_0 \operatorname{rot} \boldsymbol{H} = \frac{\partial \boldsymbol{D}}{\partial t} + \boldsymbol{J}; \quad \gamma_0 \operatorname{rot} \boldsymbol{E} = -\frac{\partial \boldsymbol{B}}{\partial t};$$

$$\boldsymbol{D} = \varepsilon \boldsymbol{E}; \quad \boldsymbol{B} = \mu \boldsymbol{H};$$

$$\operatorname{div} \boldsymbol{D} = \varrho; \quad \operatorname{div} \boldsymbol{B} = 0$$

zwischen insgesamt elf verschiedenen Größen.
Wie bereits an anderer Stelle gezeigt wurde [30], erhält man einen besonders anschaulichen und natürlichen Dimensionsaufbau, wenn man nach einem Vorschlag von *R. Fleischmann* für die verbleibenden drei mechanischen Größen die Länge, die Zeit und die Energie wählt. Das so erhaltene Fünfersystem hat somit die folgenden unabhängigen Basisgrößen:

Länge $[l]$, Zeit $[t]$, Energie $[W]$,

elektrische Ladung $[Q]$, magnetischer Fluß $[\Phi]$.

Die klaren und physikalisch einwandfreien Dimensionsausdrücke dieses Fünfersystems können aus **Tafel 6.1** entnommen werden.
Von den zahlreich möglichen Vierersystemen sind in Tafel 6.1 zum Vergleich nur zwei Dimensionssysteme dem Fünfersystem gegenübergestellt. Es sind dieses das heute am häufigsten verwendete MKSA-System mit den vier Basisgrößen

Länge $[l]$, Zeit $[t]$, Masse $[m]$, elektrische Ladung $[Q]$

Tafel 6.1: Dimensionssysteme

Größe und Symbol		Fünfersystem	MKSA-System	Kalantaroff-System	Gaußsches System
Länge	l	$[l]$	$[l]$	$[l]$	$[l]$
Zeit	t	$[t]$	$[t]$	$[t]$	$[t]$
Energie	W	$[W]$	$[m]\,[l]^2\,[t]^{-2}$	$[H]\,[t]^{-1}$	$[m]\,[l]^2\,[t]^{-2}$
Kraft	F	$[W]\,[l]^{-1}$	$[m]\,[l]\,[t]^{-2}$	$[H]\,[l]^{-1}\,[t]^{-1}$	$[m]\,[l]\,[t]^{-2}$
Wirkung	H	$[W]\,[t]$	$[m]\,[l]^2\,[t]^{-1}$	$[H]=[Q]\,[\Phi]$	$[m]\,[l]^2\,[t]^{-1}$
Leistung	P	$[W]\,[t]^{-1}$	$[m]\,[l]^2\,[t]^{-3}$	$[H]\,[t]^{-2}$	$[m]\,[l]^2\,[t]^{-3}$
Masse	m	$[W]\,[l]^{-2}\,[t]^2$	$[m]$	$[H]\,[l]^{-2}\,[t]$	$[m]$
Elektrische Ladung	Q	$[Q]$	$[Q]$	$[Q]$	$[m]^{1/2}\,[l]^{3/2}\,[t]^{-1}$
Elektrische Flußdichte	D	$[Q]\,[l]^{-2}$	$[Q]\,[l]^{-2}$	$[Q]\,[l]^{-2}$	$[m]^{1/2}\,[l]^{-1/2}\,[t]^{-1}$
Stromstärke	I	$[Q]\,[t]^{-1}$	$[Q]\,[t]^{-1}$	$[Q]\,[t]^{-1}$	$[m]^{1/2}\,[l]^{3/2}\,[t]^{-2}$
Elektrische Spannung	U	$[W]\,[Q]^{-1}$	$[m]\,[l]^2\,[t]^{-2}\,[Q]^{-1}$	$[\Phi]\,[t]^{-1}$	$[m]^{1/2}\,[l]^{1/2}\,[t]^{-1}$
Elektrische Feldstärke	E	$[W]\,[Q]^{-1}\,[l]^{-1}$	$[m]\,[l]\,[t]^{-2}\,[Q]^{-1}$	$[\Phi]\,[l]^{-1}\,[t]^{-1}$	$[m]^{1/2}\,[l]^{-1/2}\,[t]^{-1}$
Magnetischer Fluß	Φ	$[\Phi]$	$[m]\,[l]^2\,[t]^{-1}$	$[\Phi]$	$[m]^{1/2}\,[l]^{3/2}\,[t]^{-1}$
Magnetische Flußdichte	B	$[\Phi]\,[l]^{-2}$	$[m]\,[t]^{-1}\,[Q]^{-1}$	$[\Phi]\,[l]^{-2}$	$[m]^{1/2}\,[l]^{-1/2}\,[t]^{-1}$
Magnetische Spannung	V_m	$[W]\,[\Phi]^{-1}$	$[Q]\,[t]^{-1}$	$[Q]\,[t]^{-1}$	$[m]^{1/2}\,[l]^{3/2}\,[t]^{-2}$
Magnetische Feldstärke	H	$[W]\,[\Phi]^{-1}\,[l]^{-1}$	$[Q]\,[l]^{-1}\,[t]^{-1}$	$[Q]\,[l]^{-1}\,[t]^{-1}$	$[m]^{1/2}\,[l]^{-1/2}\,[t]^{-1}$
Kapazität	C	$[W]^{-1}\,[Q]^2$	$[m]^{-1}\,[l]^{-2}\,[t]^2\,[Q]^2$	$[Q]\,[\Phi]^{-1}\,[t]$	$[l]$
Elektrischer Widerstand	R	$[W]\,[t]\,[Q]^{-2}$	$[m]\,[l]^2\,[t]^{-1}\,[Q]^{-2}$	$[Q]^{-1}\,[\Phi]$	$[l]^{-1}\,[t]$
Induktivität	L	$[W]\,[t]^2\,[Q]^{-2}$	$[m]\,[t]^2\,[Q]^{-2}$	$[Q]^{-1}\,[\Phi]\,[t]$	$[l]$
Elektrische Feldkonstante	ε_0	$[W]^{-1}\,[l]^{-1}\,[Q]^2$	$[m]^{-1}\,[l]^{-3}\,[t]^2\,[Q]^2$	$[Q]\,[\Phi]^{-1}\,[l]^{-1}\,[t]$	–
Magnetische Feldkonstante	μ_0	$[W]^{-1}\,[l]^{-1}\,[\Phi]^2$	$[m]\,[l]\,[Q]^{-2}$	$[Q]^{-1}\,[\Phi]\,[l]^{-1}\,[t]$	–
Elektromagnetische Feldkonstante	γ_0	$[W]^{-1}\,[t]^{-1}\,[Q]\,[\Phi]$			$[l]\,[t]^{-1}$

und das Kalantaroffsche System [14] mit den Basisgrößen

Länge $[l]$, Zeit $[t]$, Wirkung $[H]=[Q]\,[\Phi]$.

Auffallend am MKSA-System ist, daß die Masse in den Dimensionsausdrücken für den magnetischen Fluß Φ, der elektrischen Spannung U, der elektrischen Feldstärke E und der magnetischen Flußdichte B erscheint. Dabei handelt es sich um physikalische Größen, die – von jeder materiellen Masse unabhängig – auch im materiefreien Raum angegeben und gemessen werden können.
Das Kalantaroff-System ist dadurch gekennzeichnet, daß bei diesem die Wirkung nach

$$[H]=[Q]\,[\Phi]$$

aufgeteilt wird. Ohne daß es scheinbar notwendig ist, eine zusätzliche elektrische oder magnetische Basisgröße hinzuzufügen, erhält man dadurch in der Elektrodynamik ein Vierersystem mit den Basisgrößen

$$[l],\ [t],\ [Q],\ [\Phi].$$

Als Vierersystem ist es aber notwendig nicht eindeutig, der magnetische Fluß wird auch nur scheinbar als Basisgröße herausgestellt. So erscheint zwar nach Tafel 6.1 die magnetische Flußdichte mit der Dimension $[\Phi]\,[l]^{-2}$, da aber die magnetische Feldstärke wegen ihrer Dimension $[Q]\,[l]^{-1}\,[t]^{-1}$ eine elektrische Größe ist, wird dann die Feldgröße B als Proportionalitätsfaktor im Kraftgesetz

$$F=BIl\sin\alpha$$

definiert [21], womit die Wahl von Φ als magnetische Basisgröße wieder illusorisch ist. Demgegenüber entsprechen die Dimensionsausdrücke im Fünfersystem den Definitionsgleichungen. Das Fünfersystem ist somit ein definitionskohärentes Dimensionssystem.
Schließlich ist in Tafel 6.1 auch noch das Gaußsche CGS-System aufgenommen worden, in dem elektrische Ladung Q und magnetischer Fluß Φ dimensionsgleich sind, ebenso wie die Feldgrößen $\boldsymbol{E}$, $\boldsymbol{D}$, $\boldsymbol{H}$ und $\boldsymbol{B}$. Da darüber im Schrifttum bereits bis zum Überdruß diskutiert worden ist, erübrigt es sich, darauf näher einzugehen.
Besonders hervorzuheben ist, daß alle Gleichungen im Fünfersystem *einheiteninvariante* Größengleichungen sind [9], die durch Spezialisierung der drei Feldkonstanten nicht nur im üblichen Vierersystem gelten, sondern auch im CGS-System (Dreiersystem) und darüber hinaus für *beliebige* auch nichtrationale Einheiten. Werden dabei die Größen

$$\boldsymbol{D}'=4\pi\boldsymbol{D},\qquad \boldsymbol{H}'=4\pi\boldsymbol{H}$$

als nichtrationale Größen definiert, so erhält man z.B. den Übergang zum Gaußschen CGS-System, wenn man die

rationalen Größen: $\boldsymbol{D}$ $\boldsymbol{H}$ ε μ

ersetzt durch: $\frac{\boldsymbol{D}'}{4\pi}$ $\frac{\boldsymbol{H}'}{4\pi}$ $\frac{\varepsilon'}{4\pi}$ $4\pi\mu'$

unter Beachtung, daß dann $\varepsilon_0' = \mu_0' = 1$ und damit nach Gl. (4.5) $\gamma_0 = c_0$. Die Größe c_0 im Gaußschen System bedeutet demnach, sofern sie als Proportionalitätsfaktor auftritt, die elektromagnetische Feldkonstante γ_0. Die Größen Q, E, J sowie Φ und B bleiben beim Übergang zur konventionellen (nichtrationalen) Schreibweise des CGS-Systems unverändert. Zu beachten ist nur, daß der Zusammenhang zwischen der konventionellen Polstärke p' und dem magnetischen Fluß Φ gegeben ist durch

$$\Phi = 4\pi p', \quad \text{so daß} \quad F = \Phi H = p'H'.$$

Setzt man dagegen $\gamma_0 = 1$, so erhält man die üblichen Größengleichungen des Vierersystems, die aber keinen Übergang zur nichtrationalen Schreibweise des CGS-Systems mit dessen nichtrationalen Einheiten gestatten. Eine Gegenüberstellung einiger Gleichungen in den genannten drei Systemen enthält **Tafel 6.2.**

Während sich der Übergang vom Vierersystem zum Fünfersystem in der Schreibweise der Gleichungen lediglich durch das Auftreten der Feldkonstante γ_0 äußert, bedeutet er hinsichtlich der erforderlichen Einheiten einige beachtliche Änderungen. Auf Grund eines auf der 10. Generalkonferenz für Maß und Gewicht gefaßten Beschlusses, werden alle elektrischen und magnetischen Einheiten aus den unabhängigen mechanischen Grundeinheiten für Länge, Zeit und Masse und nur einer unabhängigen elektrischen Grundeinheit für die Stromstärke abgeleitet. Im Fünfersystem ist aber noch zusätzlich eine unabhängige magnetische Grundeinheit, z.B. die Einheit Weber (Wb) für den magnetischen Fluß, notwendig. Damit werden Weber und Voltsekunde (Vs) verschiedene Einheiten. Ferner muß wegen Gl. (3.10) und Gl. (4.15) zwischen der „Einheit" Amperewindung (Aw)

$$1\,\mathrm{AW} = 1\,\frac{\mathrm{Ws}}{\mathrm{Wb}} = 1\,\frac{\mathrm{J}}{\mathrm{Wb}}$$

für die magnetische Spannung und der Einheit Ampere (A) für die elektrische Stromstärke unterschieden werden. Damit erhält man im Fünfersystem einige Abweichungen gegenüber dem Vierersystem, wie aus **Tafel 6.3** zu entnehmen ist.

Tafel 6.2: Schreibweise einiger Gleichungen in den verschiedenen Systemen

Rationale Schreibweise		Konv. Schreibweise [1]
Vierersystem	Fünfersystem	Gaußsches System
$\varepsilon=\varepsilon_0\varepsilon_r$	$\varepsilon=\varepsilon_0\varepsilon_r$	$\varepsilon_0'=1$
$\boldsymbol{D}=\varepsilon\boldsymbol{E};\ \boldsymbol{D}_0=\varepsilon_0\boldsymbol{E}$	$\boldsymbol{D}=\varepsilon\boldsymbol{E};\ \boldsymbol{D}_0=\varepsilon_0\boldsymbol{E}$	$\boldsymbol{D}'=\varepsilon_r\boldsymbol{E};\ \boldsymbol{D}_0'\equiv\boldsymbol{E}_0$
$F=\frac{1}{4\pi\varepsilon_0}\frac{Q_1Q_2}{\varepsilon_r r^2}$	$F=\frac{1}{4\pi\varepsilon_0}\frac{Q_1Q_2}{\varepsilon_r r^2}$	$F=\frac{Q_1Q_2}{\varepsilon_r r^2}$
$C=\varepsilon\frac{A}{a}$	$C=\varepsilon\frac{A}{a}$	$C=\frac{\varepsilon_r}{4\pi}\frac{A}{a}$
$C=4\pi\varepsilon R$	$C=4\pi\varepsilon R$	$C=\varepsilon_r R$
$w_e=\frac{\varepsilon}{2}\boldsymbol{E}^2=\frac{\boldsymbol{DE}}{2}$	$w_e=\frac{\varepsilon}{2}\boldsymbol{E}^2=\frac{\boldsymbol{DE}}{2}$	$w_e=\frac{\varepsilon_r}{8\pi}\boldsymbol{E}^2=\frac{\boldsymbol{D}'\boldsymbol{E}}{8\pi}$
$\mu=\mu_0\mu_r$	$\mu=\mu_0\mu_r$	$\mu_0'=1$
$\boldsymbol{B}=\mu\boldsymbol{H};\ \boldsymbol{B}_0=\mu_0\boldsymbol{H}$	$\boldsymbol{B}=\mu\boldsymbol{H};\ \boldsymbol{B}_0=\mu_0\boldsymbol{H}$	$\boldsymbol{B}=\mu_r\boldsymbol{H}';\ \boldsymbol{B}_0\equiv\boldsymbol{H}_0'$
$H=\frac{I}{4\pi}\oint\frac{\sin\alpha}{r^2}\,\mathrm{d}s$	$H=\frac{I}{4\pi\gamma_0}\oint\frac{\sin\alpha}{r^2}\,\mathrm{d}s$	$H'=\frac{1}{c_0}I\oint\frac{\sin\alpha}{r^2}\,\mathrm{d}s$
$\oint\boldsymbol{H}\,\mathrm{d}\boldsymbol{s}=\Sigma I$	$\oint\boldsymbol{H}\,\mathrm{d}\boldsymbol{s}=\frac{1}{\gamma_0}\Sigma I$	$\oint\boldsymbol{H}'\,\mathrm{d}s=\frac{4\pi}{c_0}\Sigma I$
$\boldsymbol{F}=Q(\boldsymbol{v}\times\boldsymbol{B})$	$\boldsymbol{F}=\frac{1}{\gamma_0}Q(\boldsymbol{v}\times\boldsymbol{B})$	$\boldsymbol{F}=\frac{1}{c_0}Q(\boldsymbol{v}\times\boldsymbol{B})$
$w_m=\frac{\mu}{2}\boldsymbol{H}^2=\frac{\boldsymbol{BH}}{2}$	$w_m=\frac{\mu}{2}\boldsymbol{H}^2=\frac{\boldsymbol{BH}}{2}$	$w_m=\frac{\mu_r}{8\pi}\boldsymbol{H}'^2=\frac{\boldsymbol{BH}'}{8\pi}$
$\mathrm{rot}\,\boldsymbol{H}=\boldsymbol{J}+\varepsilon\frac{\partial\boldsymbol{D}}{\partial t}$	$\mathrm{rot}\,\boldsymbol{H}=\frac{1}{\gamma_0}\left(\boldsymbol{J}+\varepsilon\frac{\partial\boldsymbol{D}}{\partial t}\right)$	$\mathrm{rot}\,\boldsymbol{H}'=\frac{4\pi}{c_0}\boldsymbol{J}+\frac{1}{c_0}\frac{\partial\boldsymbol{D}'}{\partial t}$
$\mathrm{rot}\,\boldsymbol{E}=-\frac{\partial\boldsymbol{B}}{\partial t}$	$\mathrm{rot}\,\boldsymbol{E}=-\frac{1}{\gamma_0}\frac{\partial\boldsymbol{B}}{\partial t}$	$\mathrm{rot}\,\boldsymbol{E}=-\frac{1}{c_0}\frac{\partial\boldsymbol{B}}{\partial t}$
$\boldsymbol{S}=\boldsymbol{E}\times\boldsymbol{H}$	$\boldsymbol{S}=\gamma_0(\boldsymbol{E}\times\boldsymbol{H})$	$\boldsymbol{S}=c_0\frac{\boldsymbol{E}\times\boldsymbol{H}'}{4\pi}$
$c_0=\frac{1}{\sqrt{\varepsilon_0\mu_0}}$	$c_0=\frac{\gamma_0}{\sqrt{\varepsilon_0\mu_0}}$	$c_0=c_0$
$\gamma_0=1$	$\gamma_0=c_0\sqrt{\varepsilon_0\mu_0}$	$\gamma_0=c_0$

[1]) Die nichtrationalen Größen sind durch ′ gekennzeichnet.

Da ferner die Zahlenwerte für ε_0 und μ_0 bereits international festgelegt sind, wird nach Gl. (4.5) wegen Gl. (4.15) im Fünfersystem

$$\gamma_0 = 1\,\frac{\text{Wb}}{\text{Vs}} = 1\,\frac{\text{A}}{\text{Aw}}$$

und insbesondere

$$\mu_0 = 0{,}4\,\pi \cdot 10^{-6}\,\frac{\text{Wb}}{\text{m} \cdot \text{Aw}}$$

Tafel 6.3: Einheiten im Vierer- und Fünfersystem

1. Unabhängige Grundeinheiten

Größe	Einheit			
	Vierersystem		Fünfersystem	
Länge	Meter	m	Meter	m
Masse	Kilogramm	kg	Kilogramm	kg
Zeit	Sekunde	s	Sekunde	s
Elektrische Stromstärke	Ampère	A	Ampère	A
Magnetischer Fluß			Weber	Wb

2. Abgeleitete Einheiten

Größe	Einheit	
Kraft	Newton	$1\ \text{N} = 1\ \text{m} \cdot \text{kg/s}^2$
Leistung	Watt	$1\ \text{W} = 1\ \text{N} \cdot \text{m/s}$
Energie (Arbeit)	Joule	$1\ \text{J} = 1\ \text{Ws}$
Elektrische Ladung	Coulomb	$1\ \text{C} = 1\ \text{As}$
Elektrische Spannung	Volt	$1\ \text{V} = 1\ \text{W/A}$
Elektrischer Widerstand	Ohm	$1\ \Omega = 1\ \text{V/A}$
Kapazität	Farad	$1\ \text{F} = 1\ \text{s}/\Omega = 1\ \text{Ss}$
Induktivität	Henry	$1\ \text{H} = 1\ \Omega\text{s}$
Elektrische Feldstärke	Volt/Meter	$1\ \text{V/m}$
Elektrische Flußdichte	Coulomb/Quadratmeter	$1\ \text{As/m}^2$

Elektrische Feldkonstante $\varepsilon_0 = 8{,}8542 \cdot 10^{-12}\ \text{F/m}$
Vakuumlichtgeschwindigkeit $c_0 = 2{,}99792 \cdot 10^8\ \text{m/s}$

3. Voneinander abweichende Einheiten und Konstanten

Größe	Einheit	Vierersystem	Fünfersystem
Magnetischer Fluß	Weber	$1\ \text{Wb} = 1\ \text{Vs}$	$1\ \text{Wb} = 1\ \text{Wb} \neq 1\ \text{Vs}$
Magnetische Flußdichte	Tesla	$1\ \text{T} = 1\ \text{Vs/m}^2$	$1\ \text{T} = 1\ \text{Wb/m}^2$
Magnetische Feldstärke	–	$1\ \text{A/m}$	$1\ \text{Aw/m} = 1\ \text{N/Wb}$
Magnetische Spannung	Ampere-windung	$1\ \text{Aw} = 1\ \text{A}$	$1\ \text{Aw} = 1\ \text{Ws/Wb}$
Magnetische Feldkonstante	μ_0	$0{,}4\pi \cdot 10^{-6}\ \text{H/m}$	$0{,}4\,\pi \cdot 10^{-6}\ \text{Wb/(m} \cdot \text{Aw)}$
Elektromagnetische Feldkonstante	γ_0	1	$1\ \text{Wb/Vs} = 1\ \text{A/Aw}$
Feldwellenwiderstand	Z_0	$376{,}73\ \Omega$	$376{,}73\ \text{Wb/As}$

sowie der Wellenwiderstand des leeren Raumes

$$Z_0 = 376{,}73\,\frac{\mathrm{Wb}}{\mathrm{As}}.$$

Dagegen hat der Wellenwiderstand Z eines Netzwerks, z. B. einer homogenen Leitung,

$$Z = \sqrt{\frac{L}{C}} = \frac{1}{\gamma_0}\sqrt{\frac{\mu_0}{\varepsilon_0}}$$

weiterhin die Widerstandseinheit Ohm.

Dem praktisch rechnenden Elektrotechniker wird es als zusätzliche Belastung erscheinen, in seinen Gleichungen die Konstante γ_0 mit dem Zahlenwert Eins mitzuführen. Sobald er aber auch älteres Schrifttum mit der durchweg nichtrationalen Schreibweise des CGS-Systems verwenden muß, wird er den Vorteil der systeminvarianten Schreibweise bald zu schätzen wissen. Wie gezeigt werden konnte, ist für eine strenge Betrachtung und eine vertiefte Erfassung der physikalischen Zusammenhänge die Einführung der Verkettungskonstante γ_0 unerläßlich. Der Vorteil des Vierersystems, in dem willkürlich $\gamma_0 = 1$ gesetzt und daher weggelassen wird, liegt darin, daß sich die Schreibweise einiger Gleichungen vereinfacht und den Bedürfnissen des praktisch rechnenden Elektrotechnikers besser anpaßt.

Ein weiterer Vorteil des Vierersystems ist, daß es mit seinen SI-Einheiten international angenommen wurde und in der Elektrotechnik allgemein angewendet wird. Auch in der Bundesrepublik Deutschland sind durch das Gesetz über Einheiten und Meßwesen vom 2. Juli 1969 nur noch SI-Einheiten zugelassen. Die Notwendigkeit eines Vierersystems zur Beschreibung der Elektrodynamik kann aber weder eindeutig bewiesen noch physikalisch begründet werden, wie gezeigt wurde.

6.2 Zur Normung der Feldgrößen

Aufgabe und Zweck einer Norm für die elektromagnetischen Feldgrößen bestehen darin, zu einer Sprachregelung zu kommen, die es gestattet, einheitliche Benennungen und Formelzeichen zu erhalten. Gerade die Vielschichtigkeit und die sehr weitgehende Verzweigung der Elektrotechnik sind es, die einerseits eine Normung der Feldgrößen der Elektrodynamik notwendig machen, ihr aber andererseits gleichzeitig zahlreiche Hindernisse in den Weg legen.

Die elektromagnetischen Feldgrößen sind Grundlagengrößen, die in allen Zweigen und Fachbereichen der Elektrotechnik jedoch mit oft sehr unterschiedlicher Bedeutung, Wertung oder Deutungsmöglichkeit angewendet werden. Für den Energietechniker stehen beispielsweise Kraftwirkungen im Vordergrund und damit die beiden Feldgrößen $\boldsymbol{E}$ und $\boldsymbol{B}$. Ihm bietet die Elementarstromtheorie einfache und anschauliche Modelle. Der Werkstoff-

techniker bewegt sich an den Grenzen der klassischen Maxwellschen Theorie; ihn interessieren besonders die Materialgrößen und die Größen ***P*** und ***M***, er wird daher gern zu einer atomistischen Deutung der Feldtheorie und der Feldgrößen greifen. Für den Nachrichtentechniker und den Hochfrequenztechniker steht zunächst die elektromagnetische Welle als Träger von Information mit den beiden Feldvektoren ***E*** und ***H*** im Vordergrund. Von besonderem Interesse ist für sie aber auch das Frequenzverhalten der Materie, so daß auch den Materialgrößen sehr große Bedeutung zukommt. Der Benutzerkreis einer solchen Norm reicht bis zum theoretischen Elektrotechniker und Physiker.
Grundsätzlich sollten in eine solche Norm alle Begriffe, Benennungen, Bezeichnungen, Verfahren usw. einbezogen werden, die dazu dienen, die elektromagnetischen Erscheinungen und deren technische Anwendungen zu beschreiben, mit dem Ziel, hierfür weitgehend einheitliche und eindeutige Termini technici zu gewinnen. Welche Größen und Begriffe dabei erfaßt werden sollen, bestimmt der anzusprechende Benutzerkreis. Daß aber jede Norm der Anwendung dient und daher immer einen gewissen technischen Charakter aufweist, sollte dabei auch noch ausreichend berücksichtigt werden. Erst dann stellt sich die wohl schwierigste Frage nach Art und Form, wie die einzelnen zu normenden Größen und Begriffe erfaßt und festgelegt werden sollen. Im Zusammenhang mit den bisherigen Betrachtungen in dieser Schrift interessiert vor allem diese letzte Frage.
In keinem Fall soll und kann es Aufgabe einer Norm für die elektromagnetischen Feldgrößen sein, das Naturgeschehen zu beschreiben oder zu interpretieren und Begriffe physikalisch erklären zu wollen, zu deuten oder zu erläutern sowie mathematische Ableitungen durchzuführen. Das ist Aufgabe der Lehrbücher oder überhaupt des Fachschrifttums, das sich zu diesem Zweck der genormten Benennungen als allgemeine Sprachregelung bedienen sollte. Schon aus den verschiedenen Deutungsmöglichkeiten der Feldgrößen folgt:

Jede Normung der elektromagnetischen Feldgrößen muß **deutungsneutral** *sein; sie muß Festlegungen treffen und Vorschriften einführen, sie darf aber nicht erklären, deuten oder erläutern.*

Nur dann kann erwartet werden, daß eine solche Norm ihre Aufgabe erfüllen wird und auch die gewünschte Akzeptanz im Benutzerkreis findet, unabhängig davon, welche Modellvorstellungen von den einzelnen Benutzern vertreten oder verwendet werden. Natürlich liegt es auf der Hand, bei der Formulierung einer Norm eine gewisse Weichenstellung für eine Interpretation und eine Deutung des Naturgeschehens vorzunehmen, was jedoch unter allen Umständen bekämpft werden muß. Die Norm wird sonst den Erkenntnishorizont fest- und vorschreiben und damit jede Entwicklung und jeden Fortschritt behindern, was wohl nicht ihre Aufgabe sein kann. Aus dem gleichen Grunde muß eine solche Norm auch auf mathematisch eindeutige und vollständige Definitionen, insbesondere der Feldgrößen ***D***, ***H*** und ***B***, verzichten. Jede exakte Definition dieser Feldgrößen ist stets an eine bestimmte und mögliche Modellvorstellung

(Hypothese) gebunden. Eine Norm für die elektromagnetischen Feldgrößen ist daher nur als sogenannte *Verständigungsnorm* zulässig und nicht als Definitionsnorm; das bedeutet Identifikation statt Definition der Feldgrößen. Wenn auch ein Wörterbuch keine Norm ist, so kann dennoch das „Internationale elektrotechnische Wörterbuch" (IEV [12]) in dieser Hinsicht als Vorbild dienen. Darin werden die Feldgrößen nicht definiert, sondern nur durch die Angabe einer charakteristischen Eigenschaft eingeführt, ohne daß die verlangte Eindeutigkeit dabei leidet.
Schließlich besteht der Benutzerkreis auch mehr oder weniger aus Fachleuten, für die es sich um hinreichend geläufige Begriffe handelt. Die Kennzeichnung beispielsweise der magnetischen Flußdichte $\boldsymbol{B}$ als vektorielle Größe, welche die der Geschwindigkeit proportionale Komponente der Coulomb-Lorentz-Kraft Gl. (4.3) bestimmt und die ein quellenfreies Feld beschreibt [12], ist für den vorgesehenen Benutzerkreis hinreichend eindeutig und gleichzeitig von jeder Modellvorstellung unabhängig. Die Gefahr einer Verwechslung mit anderen physikalischen Größen besteht nicht. Gleichzeitig vermeidet eine solche Einführung der Feldgrößen jeden Perfektionismus, der, geboren aus dem Wunsche nach notwendiger Exaktheit, schließlich allzu oft nur erreicht, daß ein Text allein noch für den theoretischen Elektrotechniker oder Physiker lesbar oder verständlich bleibt. Aus diesem Grunde beschränken sich auch die Betrachtungen dieser kleinen Schrift ausschließlich auf den linearen Bereich. Sind die Feldgrößen in linearen Medien eingeführt und festgelegt, so kann deren Übertragung auf nichtlineare Medien sowie in mikroskopische Bereiche als nächster Schritt leicht für denjenigen Benutzer durchgeführt werden, der das benötigt oder wünscht.

Wesentlich ist, daß die in einer Norm erfaßten elektromagnetischen Feldgrößen für den Benutzer der Norm unmißverständlich und physikalisch eindeutig eingeführt und gekennzeichnet werden.

Eine auch mathematisch exakte und präzise Definition wird dagegen immer dort notwendig sein, wo Mißverständnisse oder Fehldeutungen möglich sind. Das gilt insbesondere für einige Integralgrößen, wie etwa die elektrische und magnetische Spannung U und V_m, die Durchflutung Θ und die Stromstärke I usw. Diese eindeutig zu formulieren ist jedoch problemlos.
Eine oft gehörte Forderung lautet schließlich, daß in einer Norm über die elektromagnetischen Feldgrößen von einem Meßverfahren für die einzelnen Größen auszugehen wäre oder wenigstens ein Meßverfahren angegeben werden sollte. Zur Begründung heißt es dann, daß jede physikalische Größe auch meßbar sein muß. Natürlich stimmt diese letzte Aussage, sie ist aber hier offensichtlich fehl am Platz und vermengt zwei voneinander unabhängige Dinge. Zum einen sind die zur Normung vorgesehenen Feldgrößen bereits als physikalische und damit meßbare Größen bekannt, denn nur bereits bekannte Größen kann man normen. Zum anderen sollen physikalische Größen und nicht deren Meßverfahren genormt werden, die natürlich, jedoch

davon unabhängig, ebenfalls genormt werden können. Im übrigen wurde bereits in Kapitel 1.4 hervorgehoben, daß für Feldgrößen im allgemeinen gar kein allgemeingültiges Meßverfahren angegeben werden kann. Feldgrößen sind als skalare oder vektorielle Ortsfunktionen jeweils Raumpunkten zugeordnet; ihre exakte Angabe verlangt daher stets eine Grenzwertbildung, im allgemeinen über ein Gedankenexperiment. Gedankenexperimente kann man jedoch nicht als Meßverfahren normen!
Eine Unterscheidung zwischen Monovektoren, Bivektoren und Trivektoren ist vor allem erkenntnistheoretisch sowie aus mathematischer Sicht von Bedeutung und Interesse und daher besser einer mathematischen Norm vorzubehalten, in einer elektrotechnischen Norm aber kaum notwendig. Zudem ist eine solche Unterscheidung für eine praktische Anwendung ohne erkennbaren Nutzen. Im Hinblick auf das neuere Schrifttum [2, 18, 25, 30] erscheint jedoch die Aufnahme eines entsprechenden Hinweises für kaum verzichtbar.
Einer Übernahme der Feldgrößen im Fünfersystem steht das Bundesgesetz über Einheiten und Meßwesen vom 2. Juli 1969 im Wege, das die ausschließliche Verwendung der SI-Einheiten vorschreibt. Im Fünfersystem sind jedoch Weber und Voltsekunde verschiedene Einheiten, ferner muß zwischen Ampere und Amperewindung unterschieden werden. Die Bedeutung der dritten Feldkonstante γ_0, deren Notwendigkeit die vorhergehenden Betrachtungen nachgewiesen haben, ist auch in erster Linie erkenntnistheoretischer Art. Nachdem aber die dritte Feldkonstante im Schrifttum zunehmend genannt wird, sollte eine Norm über die elektromagnetischen Feldgrößen sie jedoch zumindest in einer Anmerkung oder in einem Anhang erwähnen und ihr vor allem eine genormte Bezeichnung zuweisen, bevor sich weitere Benennungen einbürgern und Anlaß zu Mißverständnissen geben.

Anhang

Grundbegriffe der äußeren Algebra

Die folgenden Beziehungen gelten für einen linearen m-dimensionalen Raum Rm mit orthonormierten Basisvektoren, insbesondere für den dreidimensionalen Raum R 3 und den vierdimensionalen Raum R 4 (Raum-Zeit-Welt, Kapitel 5). Es entfällt somit eine Unterscheidung zwischen kovarianten und kontravarianten Koordinaten.

Sind $\boldsymbol{a}$, $\boldsymbol{b}$, $\boldsymbol{c}$ drei Monovektoren in Rm, so ist die äußere Multiplikation oder das Dachprodukt definiert als

$$A_{ij} = \boldsymbol{a} \wedge \boldsymbol{b} = -\boldsymbol{b} \wedge \boldsymbol{a}; \quad \boldsymbol{a} \wedge \boldsymbol{a} = \boldsymbol{b} \wedge \boldsymbol{b} = 0; \qquad \text{(A 1)}$$

$$A_{ijk} = \boldsymbol{a} \wedge \boldsymbol{b} \wedge \boldsymbol{c}$$

oder allgemein mit $0 \leqq p \leqq m$

$$A_{(p)} = a_1 \wedge a_2 \wedge \cdots \wedge a_p. \qquad \text{(A 1 a)}$$

Das äußere Produkt aus p Vektoren des m-dimensionalen Raumes heißt Element der äußeren Algebra und ist ein p-Vektor, allgemein als *Multivektor* bezeichnet; das ist ein schiefsymmetrischer Tensor p-ter Stufe. Insbesondere ergibt:

$p=0$	einen Skalar oder 0-Vektor	A;	
$p=1$	einen Monovektor oder 1-Vektor	A_i;	
$p=2$	einen Bivektor oder 2-Vektor	A_{ij};	
$p=3$	einen Trivektor oder 3-Vektor	A_{ijk}	usw.

Insgesamt hat ein Tensor p-ter Stufe in Rm m^p Koordinaten. Wegen Gl. (A 1) verschwinden jedoch bei einem p-Vektor alle Koordinaten mit mindestens zwei gleichen Ziffern in einem Index. Ferner ändert sich wegen Gl. (A 1) das Vorzeichen bei einer ungeraden Anzahl von Vertauschungen der Zahlenfolge in den Indizes, während Koordinaten mit einer geraden Anzahl von Vertauschungen der Indexziffern, aber sonst gleichen Ziffern im Index einander gleich sind. So gilt z.B. für eine Koordinate a_{ijk} eines Trivektors in R 3

$$a_{ijk} = x_i \wedge x_j \wedge x_k = e_{ijk} x_1 \wedge x_2 \wedge x_3 \qquad \text{(A 2)}$$

mit dem verallgemeinerten Kroneckersymbol

$$e_{ijk} = \begin{cases} +1 & \text{für gerade Permutationen} \\ -1 & \text{für ungerade Permutationen} \\ 0 & \text{sonst,} \end{cases} \tag{A 3}$$

wenn die Indizes i, j, k jeweils die Zahlen 1, 2, 3 annehmen und man sie alle möglichen 27 Kombinationen durchlaufen läßt. Demnach sind bei einem Multivektor im m-dimensionalen Raum höchstens

$$s = \binom{m}{p} = \binom{m}{m-p} \qquad 0 \leqq p \leqq m \tag{A 4}$$

Koordinaten wesentlich verschieden. Diese s wesentlich verschiedenen Koordinaten sind die *strikten* Koordinaten eines p-Vektors; sie bilden seine Bestimmungsstücke und werden im folgenden ausschließlich betrachtet. Die Anzahl der strikten Koordinaten bei den einzelnen p-Vektoren in R 3 und R 4 mit Indexfolge zeigt **Tabelle A 1.** Der Tetravektor (4-Vektor) ist in R 3 nicht definiert.

Tabelle A 1: Vektorgrad p und Indexfolge der s strikten Koordinaten von Multivektoren

Größe	p	$m=3$		$m=4$	
		Indexfolge	s	Indexfolge	s
A	0	–	1	–	1
A_i	1	1 2 3	3	1 2 3 4	4
A_{ij}	2	12 23 31	3	12 23 31 14 24 34	6
A_{ijk}	3	123	1	123 234 314 124	4
A_{ijkl}	4	–	–	1234	1

Werden im folgenden nur die strikten Koordinaten mit der in Tabelle A 1 angegebenen Indexfolge betrachtet, so hat ein Bivektor in R 3 die $s=3$ strikten Koordinaten.

$$A_{ij} = (a_{12}, a_{23}, a_{31}) \tag{A 5}$$

und in R 4 die $s=6$ Koordinaten

$$A_{ij} = (a_{12}, a_{23}, a_{31}, a_{14}, a_{24}, a_{34}). \tag{A 5a}$$

Der Trivektor hat dagegen in R 3 nur eine strikte Koordinate

$$A_{ijk} = a_{123} = a_{231} = a_{312} \tag{A 6}$$

und in R 4 die $s=4$ Koordinaten

$$A_{ijk} = (a_{123}, a_{234}, a_{314}, a_{124}). \tag{A 6a}$$

Wegen Gl. (A 4) kann man jedem p-Vektor $A_{(p)}$ einen $(m-p)$-Vektor $A_{(m-p)}$ mit gleicher Anzahl strikter Koordinaten zuordnen. Man bezeichnet $A_{(m-p)}$ als duale Ergänzung zu $A_{(p)}$. Beide gehören zusammen, gleichsam wie Prägestempel und Gegenform. Den Übergang vom p-Vektor zum $(m-p)$-Vektor oder umgekehrt vermittelt eine Transformation mit Hilfe des sogenannten $\ast$-Operators (Sternoperator, Hodge-Dualität), definiert als

$$\ast\, A_{(p)} = A_{(m-p)}; \quad \ast(\ast\, A_{(p)}) = \ast\, A_{(m-p)} = A_{(p)} \tag{A 7}$$

oder in anderer Schreibweise

$$\ast\, A_{(p)} = A^{*}_{(m-p)}; \quad \ast(\ast\, A_{(p)}) = \ast\, A^{*}_{(m-p)} = A_{(p)}. \tag{A 7a}$$

Mit e_{ijkl} als verallgemeinertes Kroneckersymbol nach Gl. (A 3) wird insbesondere in R 4 bzw. in R 3

$$\left.\begin{matrix} A_i \\ A_{ij} \\ A_{ijk} \end{matrix}\right\} = e_{ijkl} \cdot \left\{\begin{matrix} A_{jkl} \\ A_{kl} \\ A_l, \end{matrix}\right. \tag{A 8}$$

wobei in R 3 der Index l entfällt. Die Indizes durchlaufen dabei in R 4 jeweils die Zahlen 1 bis 4 und in R 3 jeweils die Zahlen 1 bis 3.

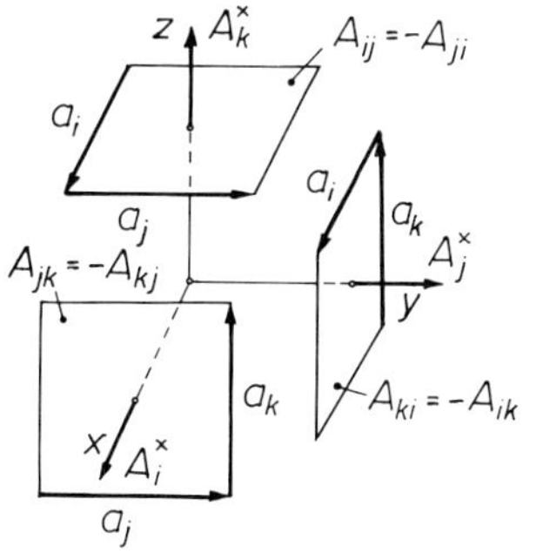

Bild A 1. Geometrische Deutung der strikten Koordinaten eines dreidimensionalen Bivektors

Die geometrische Deutung der drei strikten Koordinaten eines dreidimensionalen Bivektors zeigt **Bild A 1.** Demnach ist

$$a_i \wedge a_j = A_{ij}; \quad \boldsymbol{a}_i \times \boldsymbol{a}_j = \boldsymbol{A}^{*}_k,$$

mit A_{ij} als Bivektor, während $\boldsymbol{A}_k^*$ der dazu duale Monovektor vom Betrag des Flächeninhalts des aus beiden Monovektoren a_i und a_j gebildeten Parallelogramms ist. Die geometrische Deutung eines dreidimensionalen Trivektors A_{123} ergibt nach **Bild A 2** den durch drei Monovektoren gebildeten Raum; sein Volumen ist der zu A_{123} duale Skalar A, gegeben durch das Spatprodukt aus diesen drei Monovektoren:

$$a_1 \wedge a_2 \wedge a_3 = A_{123}; \quad \boldsymbol{a}_1 (\boldsymbol{a}_2 \times \boldsymbol{a}_3) = A^*.$$

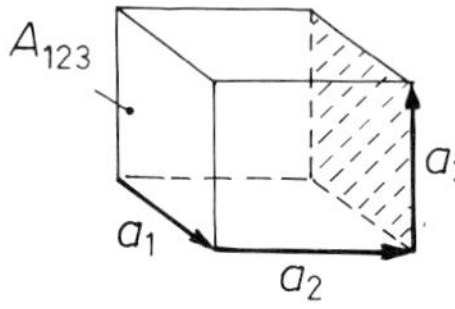

Bild A 2. Geometrische Deutung eines dreidimensionalen Trivektors

In der elementaren Vektorrechnung werden Mono- und Bivektoren wegen ihrer in R 3 gleichen Anzahl strikter Koordinaten als Vektoren bezeichnet und als (Mono)-Vektoren behandelt. Trivektoren erscheinen als Skalare.
Einem p-Vektor kann man eine sogenannte alternierende oder äußere Differentialform ω vom Grade p zuordnen

$$\omega^{(p)} = \sum^{(m)} a_{i_1 i_2 \cdots i_p} (\mathrm{d}x_{i_1} \wedge \mathrm{d}x_{i_2} \wedge \cdots \wedge \mathrm{d}x_{i_p}), \tag{A 9}$$

wobei auch im folgenden das Symbol $\sum^{(m)}$ bedeutet, daß in Rm nur über die strikten Koordinaten summiert werden soll. Reduziert sich eine solche Form auf eine reelle Funktion $\varphi(x)$, so heißt sie vom Grade Null. In der Menge solcher regulärer Formen ist dann die äußere Differentiation einer äußeren Differentialform definiert als eine Operation, die einer äußeren Differentialform vom Grade p eine solche vom Grade $p+1$ zuordnet.
Mit $\omega^{(p)}$ als reguläre Form p-ten Grades ist somit:

$$\mathrm{d}\omega^{(p)} = \omega^{(p+1)}. \tag{A 10}$$

Dabei gelten für zwei Formen ω_1 und ω_2, wenn p der Grad von ω_1 ist und φ eine Form vom Grade Null (skalare Ortsfunktion) bedeutet:

(A 11)

(1) $\quad \mathrm{d}(\omega_1 + \omega_2) = \mathrm{d}\omega_1 + \mathrm{d}\omega_2$

(2) $\quad \mathrm{d}(\omega_1 \wedge \omega_2) = \mathrm{d}\omega_1 \wedge \omega_2 + (-1)^p \omega_1 \wedge \mathrm{d}\omega_2$

(3) $\quad \mathrm{d}(\varphi\omega) = \mathrm{d}\varphi \wedge \omega + \varphi\,\mathrm{d}\omega$

(4) $\quad \mathrm{d}(\mathrm{d}\omega) = 0$ (Satz von Poincaré)

Diese „äußere Differentiation" bedeutet die Bildung des totalen Differentials längs m-dimensionaler Flächen.
Bildet eine stetig differenzierbare Funktion φ eine reguläre äußere Differentialform vom Grade Null, so ist ihr äußeres Differential eine Differentialform ersten Grades:

$$\mathrm{d}\omega^{(0)} = \mathrm{d}\varphi = \sum_{i=1}^{m} \frac{\partial \varphi}{\partial x_i} \mathrm{d}x_i = \sum_{i=1}^{3} g_i \, \mathrm{d}x_i = \omega^{(1)}.$$

Darin sind die g_i die Koordinaten eines m-dimensionalen *Gradienten* G_i, gewonnen als Monovektor durch eine Differentialoperation im Skalarfeld:

$$G_i = \left(\frac{\partial \varphi}{\partial x_1}, \frac{\partial \varphi}{\partial x_2}, \ldots, \frac{\partial \varphi}{\partial x_m} \right). \qquad \text{(A 12)}$$

Ist ein reguläres Vektorfeld eines m-dimensionalen Monovektors A_i vorgegeben mit der zugehörigen Differentialform ersten Grades, sogenannte Pfaffsche Form,

$$\omega^{(1)} = \sum_{i=1}^{m} a_i \, \mathrm{d}x_i = a_1 \, \mathrm{d}x_1 + a_2 \, \mathrm{d}x_1 + \cdots + a_m \, \mathrm{d}x_m,$$

so wird nach (3) in Gl. (A 11) unter Beachtung, daß nach (4) in Gl. (A 11) $\mathrm{d}(\mathrm{d}x_i) = 0$:

$$\mathrm{d}\omega^{(1)} = \sum_{i=1}^{m} [\mathrm{d}a_i \wedge \mathrm{d}x_i + a_i \, \mathrm{d}(\mathrm{d}x_i)] = \sum_{ij}^{(m)} \frac{\partial a_j}{\partial x_i} (\mathrm{d}x_i \wedge \mathrm{d}x_j) = \omega^{(2)}.$$

Daraus erhält man unter Beachtung von Gl. (A 1) für den dieser Form zugeordneten Bivektor R_{ij} die Koordinaten:

$$r_{ij} = \left(\frac{\partial a_j}{\partial x_i} - \frac{\partial a_i}{\partial x_j} \right). \qquad \text{(A 13)}$$

Das ist ein m-dimensionaler *Rotor*, gewonnen durch eine Differentialoperation im Felde eines Monovektors.
Schließlich ergibt die äußere Differentiation einer dem Bivektor A_{ij} zugeordneten regulären äußeren Differentialform zweiten Grades,

$$\mathrm{d}\omega^{(2)} = \sum_{ijk}^{(m)} \frac{\partial a_{jk}}{\partial x_i} (\mathrm{d}x_i \wedge \mathrm{d}x_j \wedge \mathrm{d}x_k) = \sum_{ijk}^{(m)} \mathrm{d}_{ijk} (\mathrm{d}x_i \wedge \mathrm{d}x_j \wedge \mathrm{d}x_k),$$

eine Differentialform dritten Grades mit dem zugeordneten Trivektor D_{ijk}, dessen Koordinaten

$$d_{ijk} = \frac{\partial a_{jk}}{\partial x_i} + \frac{\partial a_{ki}}{\partial x_j} + \frac{\partial a_{ij}}{\partial x_k}. \tag{A 14}$$

Das ist eine m-dimensionale *Divergenz*, gewonnen durch eine Differentialoperation im Felde eines Bivektors A_{ij}. In R 3 schreibt man

$$G_i = \text{grad}\ \varphi; \quad R_{ij} = \text{rot}\ A_i; \quad D_{ijk} = \text{div}\ A_{ij};$$

und aus (4) in Gl. (A 11) folgt unmittelbar

$$\text{rot grad}\ \varphi = 0; \quad \text{div rot}\ A_i = 0.$$

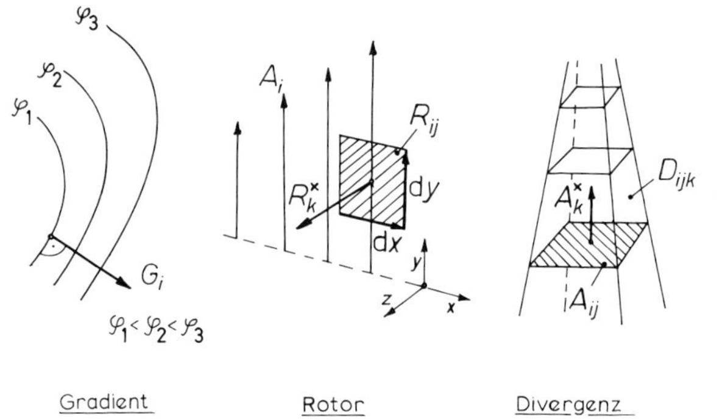

Bild A 3. Zur Erläuterung der Begriffe Gradient, Rotor und Divergenz im dreidimensionalen Raum

Bild A 3 erläutert die Begriffe Gradient, Rotor und Divergenz im dreidimensionalen Raum [30]. Demnach ist der Gradient ein Monovektor in Richtung des größten Anstiegs der skalaren Ortsfunktion φ. Der Rotor ist ein Bivektor R_{ij}, entstanden durch die Änderung eines Monovektors A_i quer zu seiner Richtung und in R 3 durch den dazu dualen Monovektor R_k^* ersetzt. Die Divergenz beschreibt schließlich den durch die Änderung eines Bivektors gegebenen Raum und ergibt einen Trivektor D_{ijk}, in R 3 durch den dazu dualen Skalar D^* ersetzt. Bei Quellenfreiheit erhält man in sich geschlossene Vektorröhren ohne Anfang und Ende.
In der dreidimensionalen Elektrodynamik werden verwendet:

rot $\boldsymbol{E}$ und zugeordnet div $\boldsymbol{E}^*$, div $\boldsymbol{D}$ und zugeordnet rot $\boldsymbol{D}^*$,

rot $\boldsymbol{H}$ und zugeordnet div $\boldsymbol{H}^*$, div $\boldsymbol{B}$ und zugeordnet rot $\boldsymbol{B}^*$,

wobei div $\boldsymbol{E}^*$ und div $\boldsymbol{H}^*$ durch je einen weiteren Dualübergang als Skalare sowie rot $\boldsymbol{D}^*$ und rot $\boldsymbol{B}^*$ durch je einen weiteren Dualübergang als Monovektoren erscheinen. Weitere Angaben siehe Schrifttum, insbesondere [2, 17, 22].

Schrifttum

[1] *Cohn, E.:* Das elektromagnetische Feld. Leipzig 1927

[2] *Dechamps, G. A.:* Electromagnetics and Differential Forms. Proc. IEEE 69 (1981) H. 6, S. 676–696

[3] *Fischer, J.:* Größen und Einheiten der Elektrizitätslehre. Berlin/Heidelberg/Göttingen: Springer-Verlag, 1961

[4] *Fischer, J.; Westphal, W.:* Ist eine magnetische Grundgrößenart nötig? Phys. Bl. 17 (1961) S. 222–224

[5] *Fleischmann, R.:* Struktur des physikalischen Begriffssystems. Z. Physik 129 (1951) S. 377–400

[6] *Fleischmann, R.:* Begriffsmischungen in der Physik. Naturwiss. 41 (1954) S. 131–135

[7] *Fleischmann, R.:* Wann sind zwei physikalische Größen einander gleich? Phys. Bl. 17 (1961) S. 519–524

[8] *Fleischmann, R.:* Alternierende Differentialformen und vierdimensionale Elektrodynamik. Physikertagung Stuttgart 1962. Mosbach/Baden: Physik-Verlag, 1963, S. 209–218

[9] *Fleischmann, R.:* Einführung in die Physik. 2. Aufl., Weinheim: Physik-Verlag 1980

[10] *Hofmann, H.:* Energiesätze im elektromagnetischen Feld. E. und M. 80 (1963) S. 153–160

[11] *Hofmann, H.:* Das elektromagnetische Feld. 2. Aufl., Wien/New York: Springer-Verlag, 1982

[12] International Electrotechnical Vocabulary (IEV). IEC-Publ. 50 (121) 1978. In Deutschland zu beziehen über VDE-VERLAG, 6050 Offenbach, Merianstr. 29

[13] *Kähler, E.:* Einführung in die Theorie der Systeme von Differentialgleichungen. Hamburger Mathemat. Einzelschriften 16 (1934) Berlin und Leipzig

[14] *Kalantaroff, P.:* Les équations aux dimensions des grandeurs électriques et magnétiques. Rév. Gén. de l'El. 25 (1925) S. 235

[15] *Kneißler, L.:* Die Maxwellsche Theorie in veränderter Formulierung. Wien: Springer-Verlag, 1949

[16] *König, H. W.:* Das Ampèresche Strommodell im Rahmen der Maxwellschen Theorie. E. und M. 79 (1962) S. 482–486

[17] *Lichnerowicz, A.:* Algèbre et analyse linéaires. Paris 1949 (Deutsch: Lineare Algebra und lineare Analysis. Berlin: Deutscher Verlag der Wissenschaften, 1956)

[18] *Meetz, K.; Engl, W. L.:* Elektromagnetische Felder. Berlin/Heidelberg/New York: Springer-Verlag, 1980

[19] *Mie, G.:* Lehrbuch der Elektrizität und des Magnetismus. 3. Aufl., Stuttgart: Enke 1948

[20] *Oberdorfer, G.:* Die Maßsysteme in Physik und Technik. Wien 1956

[21] *Oberdorfer, G.:* Lehrbuch der Elektrotechnik, Bd. 1. 6. Aufl., München: R. Oldenbourg, 1961

[22] *Reichardt, H.:* Vorlesungen über Vektor- und Tensorrechnung. Berlin: Deutsch. Verlag der Wissenschaften, 1957

[23] *Schönfeld, H.:* Die wissenschaftlichen Grundlagen der Elektrotechnik. 2. Aufl., Leipzig 1952

[24] *Sommerfeld, A.:* Vorlesungen über Theoretische Physik, Bd. III Elektrodynamik. Wiesbaden: Dieterich'sche Verlagsbuchhandlung, 1948

[25] *Thirring, W. E.:* Classical Field Theory. New York: Springer-Verlag, 1979
[26] *von Weiss, A.:* Der Begriff der elektrischen Ladung und des Verschiebungsflusses. Elektrotech. Z. ETZ-A Bd. 84 (1963) S. 13 – 15
[27] *von Weiss, A.:* Die Maxwellschen Gleichungen als äußere Differentialformen. A.E.Ü. 17 (1963) S. 351 – 357
[28] *von Weiss, A.:* Die Feldgleichungen bei Berücksichtigung des Vektorgrades der Feldgrößen. Scientia Electrica (Basel) XII (1966) S. 61 – 72
[29] *von Weiss, A.:* Allgemeine Elektrotechnik. 8. Aufl., Wiesbaden/Braunschweig: Vieweg-Verlag, 1983
[30] *von Weiss, A.:* Die elektromagnetischen Felder. Wiesbaden: Vieweg-Verlag, 1983
[31] *Weizel, W.:* Lehrbuch der Theoretischen Physik, Teil I. 2. Aufl. Berlin/Göttingen/Heidelberg: Springer-Verlag, 1955
[32] *Westphal, W.:* Physik. 25. und 26. Aufl., Berlin/Göttingen/Heidelberg: Springer-Verlag, 1970

Stichwortverzeichnis

Ampere 68, 70
Ampèresche Hypothese 25, 31
Amperewindung 68, 70

Bivektor 75ff.

CGS-System 67ff.
Coulombsches Gesetz 11
Coulomb-Lorentz-Kraft 40

Definition 8, 10
Differentialform, äußere 78ff.
Differentiation, äußere 79
Dualübergang 77
Durchflutung 45
Durchflutungsgesetz 45

Elementarstromtheorie 47, 48
Energie, elektr. 21, 22, 47
–, magn. 35, 47
Erfahrungssatz 7ff., 10
Ergänzung, duale 77
Erregung, magn. 26

Feld, elektr. 16
–, elektromagn. 25
–, magn. 25
Feldgleichungen, Maxwellsche 44, 48, 49, 60, 61
Feldgröße 12
Feldkonstante, elektr. 20, 36, 49ff., 70
–, elektromagn. 41, 47, 49ff., 70
–, magn. 34ff., 49ff., 70
Feldstärke, elektr. 16, 20, 24, 36, 44, 70
–, magn. 32, 34, 36, 70
Feldtensor, elektr. 59
–, magn. 58, 59
Feldwellenwiderstand 42, 51, 70
Flächenladungsdichte 15
Fluß, elektr. 17, 23, 24, 36, 70
–, magn. 31, 32, 36, 70
Flußdichte, elektr. 18, 23, 36, 70
–, magn. 33, 34, 36, 70
Fünfersystem 31, 65ff., 70

Gaußsches System 67ff.
Größe, physikalische 7ff.

Hodge-Dualität 77

Induktionsgesetz 45, 46
Induktivität 46, 70
Integralgröße 12
Intensitätsgröße 13, 14, 51

Kalantaroffsches System 66, 67
Kapazität 21, 24, 70
Konduktivität 21
Kontinuitätsgleichung 19, 44, 62
Konvektionsstrom 19
Koordinaten, strikte 76
–, vierdimensionale 56

Ladung, elektr. 15, 36, 37
–, freie 15
–, gebundene 15
Ladungsbedeckung 15
Leitfähigkeit, elektr. 21, 24
–, magn. 36
Leitungsstrom 18, 19
Leitungsstromdichte 18
Lorentz-Invariante 56
Lorentzkraft 28, 39

Magnetisierung 34
Maxwellsche Gleichungen 44, 45, 60, 61
Mengentheorie 48
MKSA-System 65ff.
Monovektor 75
Multivektor 75ff.

Naturgesetz 10

Ohmsches Gesetz 21
–, des Magnetismus 34

Permeabilität 34
Permittivität 20, 24

Polarisation, elektr. 20
–, magn. 34
Poincaré, Satz von 79
Polstärke 26, 27, 37
Potential, elektr. 20, 24, 44
–, magn. 32
Proportionalitätsfaktor 8, 9, 11, 12
Poynting-Vektor 42, 50

Quantitätsgröße 13, 14, 51

Raumladungsdichte 16, 18, 20

Spannung, elektr. 17
–, magn. 32

Tetravektor 76
Trivektor 75ff.

Vektorpotential, magn. 33, 36, 44
Verkettung, elektromagn. 39
Verschiebungsdichte 18
Verschiebungsfluß 17
Verschiebungsstrom 19
Verschiebungsstromdichte 19
Viererpotential 57
Viererstromdichte 60, 61
Vierersystem 67ff., 71

Weber 78, 70
Wellenwiderstand 51, 71
Widerstand, elektr. 51, 71
–, magn. 34